U0352171

蔡澜 品味 》|

香港台湾格调手册

品味是一个爱生活的人的人生经验。
凡事不一定要以钱来计算。
对美丽的事物有兴趣的话，
就会问人，就会在不断地问和学的过程中积累知识。
学得多一点，知道得多一点，能做就做一点，
这样做人就会比较有信心。
总之，希望一天活得比一天好！

图书在版编目(CIP)数据

蔡澜品味 / 蔡澜著. -- 广州 : 广东旅游出版社, 2013.5
ISBN 978-7-80766-474-1

Ⅰ. ①蔡… Ⅱ. ①蔡… Ⅲ. ①饮食－文化－香港②商店－介绍－香港
Ⅳ. ①TS971②F727.658

中国版本图书馆CIP数据核字(2013)第019373号

策划编辑：张晶晶
责任编辑：张晶晶
特约编辑：郭淳凡　　覃樱美
隔页摄影：区　杨
装帧设计：邓传志
责任技编：刘振华
责任校对：李瑞苑

全书沿虚线剪下，将会变成一本意想不到的创意书

广东旅游出版社出版发行
（广州市越秀区环市东路338号银政大厦西楼12楼　邮编：510180）
邮购电话：020-87348243
广东旅游出版社图书网
www.tourpress.cn
深圳市希望印务有限公司印刷
（深圳市坂田吉华路505号大丹工业园A栋2楼）
787毫米×1092毫米　16开　13印张　100千字
2016年8月第1版第2次印刷
印数：6001-8000册
定价：39.80元

本书如有错页倒装等质量问题，请直接与印刷厂联系换书。

内地网友在微博常问："在哪里可以看到你的电视节目？"有些热心网友，从网上找到视频，将链接发给我；这些视频虽无得到我的授权，但为了满足各位，也照将之转发，公诸同好。

但网络视频质素参差、集数不齐，最要命的，是没有字幕。我的节目皆以粤语录制，没有字幕，北方观众完全听不懂。虽曾有国内电视台购入，以普通话配音后播出，但终究辐射面不广，欣赏到的观众不多。

当今由广东旅游出版社将《蔡澜品味》这个电视节目结集成书，这辑节目拍摄的，都是我喜欢的餐厅、店铺。编辑们用心将节目对白写成文字，再从片段中截录图片，务求将节目原汁原味地还原成书，用文字打破方言的隔阂，将节目的精髓献给各地读者。未看过节目的读者，不妨将此书当成参考；看过的，也可留作纪念。

TO WANCHAI 湾仔

TO: WAN CHAI, CONVENTION & EXHIBITION CENTRE

TO:

TO WANCHAI 往湾仔

WAN CHAI, CONVENTION & EXHI

目录

目录

香港·品味

　　香港素有"美食之都"之称，有很多吃喝的地方，有许多特色地方菜，其中有一些不错的餐馆和小店，知道的人却很少。希望借此机会，向大家介绍我心目中的香港美食。

【驰名中环的鱼汤米线】

食物不在贵，而在于品质。鲍参翅肚不一定就是最好吃的，只要是用真材实料做的食物，即使只是一碗简单的鱼汤米线也是美味佳肴。这次要去品尝在中环一带驰名的鱼汤米线。

这家店，光看外表与香港一般的茶餐厅无异，甚至还会觉得有点简陋。从最开始几个兄弟姐妹卖粥，只做粥这一样食品，直到把粥做到在上环家喻户晓；继而再开始做牛腩，越做越好吃；接着做米线，现在也是远近驰名了。这家店铺就是这样一步步发展起来的。

这里的"鱼汤米线"的汤就是用鲫鱼、大鱼和鲩鱼三种鱼熬制。

为什么要用三种鱼呢？原来是因为用大鱼煮汤，汤的颜色会呈奶白色，并且汤里有鱼蓉。但是仅用大鱼，汤的鲜味会不足，所以就要加入鲜味特别浓的鲩鱼骨和鲫鱼。这三种鱼放在一起，煮出来的汤鲜味十足。

鱼汤米线主理人欧镇江先生介绍说，鱼汤的熬制过程是有讲究的。首先把锅烧热，然后放鱼。锅烧热后才放鱼，鱼就不容易粘锅，并且能把鱼煎得更好。鱼煎得差不多时，往锅里直接加入水，这样可以使鱼的白色呈现出来。待到锅里的鱼汤快变为奶白色时，再把汤倒进另一大锅里，熬制三个小时。这样的熬制，鱼可以熬成鱼蓉，让汤更香浓。

试吃各式鱼汤米线及小吃

这里的活招牌是杂锦鱼汤米线，配有五花腩和鸡翅膀，可以满足客人一次吃好几样东西的愿望；鱼汤米线，配鲮鱼滑或是新鲜的鲩鱼片，也很美味。普通的鱼汤米线仅28元一碗。除了米线，这里还有很多用鱼做成的小吃。比如炸鱼片头，不仅有嚼劲，而且还有汁；还有自制的顺德鱼腐，看上一眼，就能令你垂涎三尺。

　　看来做生意同做人一样，应该先专注做一件事，做好后再做另一件事。

店名：生记鱼汤米线
地址：上环禧利街10号地下

蔡先生捞出鱼汤里的鱼蓉。

9

【传统攋粉】

只要是用心做的食物，哪怕只是一碗攋粉也能被打动。这是一家传统攋粉店，虽然店门前摆卖着琳琅满目的各式糕点，有眉豆糕、番薯糕，还有我喜欢的雪耳红枣糕，但是这里最吸引人的还是攋粉[①]。

攋粉的做法是首先将粘米用水泡透，然后晾干；将晾干后的米粒放入机器中搅拌成粉状，取出过筛；再将筛完的米粉加入热水搅拌，就会成为黏性很高的米浆。然后把做好的米浆倒进一个筒底有很多洞的筒里，用一个大木塞插入筒中，使劲挤压；这样米浆通过筒底流出来，放入煮沸的汤中，米浆马上就熟了。这样，攋粉就做好了。

看似简单的攋粉，其实也是有诀窍的。店主梁文侠先生介绍说，把攋粉从筒里挤压出来的时候要注意用"巧劲"。所谓"巧劲"就是像按摩一样，慢慢地从轻到重。

这家攋粉的特别之处在于这里的攋粉没有添加澄面，与一些地方的做法不同。虽然看起来不透明、吃起来也没那么有嚼劲，但是如果觉得味道不足，可以加点其他东西，比如炖猪面肉、杂菜、黄瓜等等。

攋粉的做法之——用木塞挤压米浆到锅里

此外，吃攋粉的同时，还可以尝尝店里其他的一些传统糕点，如正宗的中山茶果，里面的馅有甜有咸；还有萝卜糕也是不错的选择。

传统攋粉

注释①

攋粉，濑粉原来的名称；"攋"字，在广东话里有"挤出来"的意思，也就是这种小吃的真正做法。

【美味干炒牛河】

干炒牛河是粤式餐厅里常见的菜式。然而，当身处繁华商场的郭羡妮得知来此的目的是吃美味的干炒牛河时，她惊讶地问："干炒牛河不是应该去茶餐厅吃，怎么会来这繁华的商场？"

其实，做得好的店铺，可以开在任何地方。这家店门口的墙上不惜工本地用一双双筷子堆砌起来做装饰，里面的装潢也很有心思：窗户采用的五颜六色玻璃，是典型的传统建筑。天花板上悬挂仿古的吊饰。就连凳子下面，都经过精心设计，全部铺上画。

云吞面是这家的招牌，但是我觉得这里的主人何先生做的干炒牛河比云吞面好吃。这个秘密可是一般人甚至是这里的老板都不知道的。

这里干炒牛河的牛肉用的是黄牛的牛冧肉，就是牛臀上的肉，因为这个部位上的肉很嫩滑。把肉切片，加蛋白、盐和糖腌制。为了保证河粉的质量，店里所用的河粉是自制的。先把米浸泡，然后放进磨米机磨成米浆，磨好的米浆放进蒸格内蒸。将蒸好的河粉折叠好，最后切成一条条的河粉。

学做干炒牛河

粥粉面专家何冠明先生很大方，边炒边与大家分享干炒牛河的秘诀：先在锅里加入一大勺自制猪油。为了保证猪油的质量、卫生、香醇和用得放心，他们一直都坚持自己炸。然后将牛肉泡入油中，再加入洋葱。之后再把牛肉和洋葱倒出，沥清油。接着，将河粉和豆芽放入锅里炒，炒时注意一定把河粉炒均匀，炒至干后加入调味料，再把刚才处理过的牛肉和洋葱加入，继续炒匀，闻到有香味后加浓酱油，最后加入韭黄就可以了。注意韭黄千万不要炒黄了，要"半熟韭黄"。这样，正宗的干炒牛河就完成了。

这碟何先生亲手炮制的干炒牛河，不但色、香、味俱全，而且河粉一条条分开，翻炒很均匀，豆芽、韭黄的火候也控制得刚刚好。最重要的是，师傅功力深厚，在炒的过程中让油完全被吸收，所以盘子上一点油都没有，河粉吃起来也不会很油腻。

店名：正斗
地址：中环国金2期3楼3016-3018号铺

【醋味十足的猪脚姜】

在岭南一带，生小孩后来这家甜醋专卖店最适合不过。我也是爱"吃醋"之人，虽不生小孩，但很爱吃猪脚姜。

王柏培先生（甜醋专卖店退休员工）是甜醋专门店最有经验的师傅，在这家店工作了32年。王师傅告诉我们，猪脚姜，驱风，有益身体健康。煮猪脚姜的程序是：先用慢火把姜煮两小时，之后加入鸡蛋、猪脚和黑酸醋。

"醋"字左边是"酉"字，是不是它和酒有关系呢？其实，"酉"字，古字作"酒"，形似酿酒的器皿——酒埕。人们在做米酒的时候，由于发酵得不好，米酒就变成酸酸的醋了，这就是"做酒不成变作醋"。

自己在家也曾煮猪脚姜，但总觉得味道不及王伯这里的，在家里自己煮的，跟店里卖的有什么区别？王师傅说店里的可能煮的时间久，够火候。如果不够火候，姜会很辣不入味。

猪脚姜

人们说分娩后吃姜醋，不仅可以驱风补气，还可以促进乳汁分泌。究竟是不是呢？王伯说主要是姜醋驱风补气，虽也会促进乳汁分泌，但是要乳汁丰富，更推荐吃木瓜煮醋。

除了姜醋，店内还有各种酸甜可口的食物，如酸仁稔、甜仁稔。其实，仁稔又叫"人面果"，因为它的果核像人脸一样，有眼睛、鼻子。仁稔可以用来做菜，可用于蒸鱼、蒸排骨，也是一种不错的食材。

【最正宗的川味麻辣凉粉】

在我心中，最正宗的川菜馆是"联记川王凉粉"。

凉粉店由一对夫妇经营，男主人麦泽辉是香港人，在四川邂逅了太太曾洪玉。结婚后，二人回到香港一起经营地道的四川美食店。

麦氏夫妇的凉粉是用豌豆粉做的，本身没有味道，主要靠麻辣酱调味，而且为了保证售卖的是正宗四川凉粉，他们夫妻二人每个月都要到四川进货。以前，是用汽水罐的盖把凉粉挖成一条条；现在，用专门刮凉粉的刮子。这个小工具很特别，其上分布着大大小小好多孔。

说到凉粉，广东人并不陌生，但四川凉粉与广东凉粉的吃法不同。广东的凉粉放糖，是甜品；四川的凉粉却是一道麻辣美食。大家常常吃到麻辣美食，但其实"麻"比"辣"要复杂得多。

香港人懂得吃"辣"，但不懂得吃"麻"。其实，"麻"有很多层次。懂得品尝"麻"的人，知道"麻"中带有许多"香"，而且人们也是慢慢地接受"麻"的。我觉得"麻"可以打开整个宇宙。

麻辣四川凉粉

蔡先生吃凉粉吃得津津有味。

【清真羊肉宴】

在雷生春①附近有一家著名的清真餐厅，是吃羊肉的好去处。

因为羊膻味，许多人都不吃羊肉。但是只有受得了羊膻味的人，才能真正体会羊肉的美味！说到羊膻味，想起上次和倪匡先生一起去澳洲探望金庸先生，金庸先生的太太用烤全羊盛情招待。只可惜当时家里突然有急事，自己匆忙赶回了新加坡，因此没有吃到。倪先生他们都说很好吃，但是查太太说那之后的几天，房子里都弥漫着一股膻味。

我自然是受得了这股羊膻味，甚至可以说爱这股羊膻味。吃了羊肉饼和羊肉饺子后，又想尝尝眼前的草原羊锅。这道味道辛辣的羊锅，是选用羊排和羊腩，配以大量的干辣椒和花椒，还有爆香的草原酱。煮好后，加入粉条，使其吸收辣味汤汁。这道具有新疆菜风味的菜可以说是爱辣人士的至爱。

草原羊锅

看着大家敞开了吃，想起以前认识的一位很吝啬的日本导演。每次他请人吃饭，都只点一碗面。他自己吃上两口，就说吃得很饱了，害得大家都不敢点其他菜。

其实，看别人吃得开心会比自己吃更有满足感，甚至觉得吃东西是最性感的一件事。

注释①

雷生春，位于香港九龙旺角荔枝角道及塘尾道交界，属于典型的唐楼，由九龙巴士创办人之一雷亮拥有。建筑物的名字源于一副对联，寓意雷生春所生产的药品能妙手回春。

【怀旧粤菜馆】

香港有许多怀旧的粤菜馆，吸收了最正宗的粤菜精华。这家陆羽茶室是以传统粤菜闻名的酒家，菜式正宗。

最先上桌的是干煸四季豆萝卜糕炒膏蟹。这个菜将贵重的蟹和便宜的萝卜糕、四季豆炒在了一起，很有创意。而且，萝卜糕完全吸收了蟹的味道，十分美味。

第二道菜叫"相思柔肠寸断"。馅料由绿豆、干贝、糯米、火腿组成。虽然名字有点凄惨悲情，却十分有诗意，而且味道也不错。将糯米灌进大肠里的做法，这是潮州人的做法。

138元的羊腩煲，则尤其适合在冬季食用。

588元的古法烧乳猪也不错。这里的乳猪没有片皮，脆皮连着肉一起吃。如果怕油腻就只吃上面的脆皮，但我觉得连着肉一起也好吃！一旁的朱璇品尝后说："嗯，很浓的猪肉味！"她这句话惹得我哈哈大笑："当然有猪肉味，乳猪没有猪肉味就惨了。"凯敏在一旁恍然大悟："原来朱璇讲的是这个，我经常都听不懂她在说什么。"我忙说："朱璇，没关系，慢慢来，刘嘉玲刚来香港时，粤语说得还没你现在好呢。"

最后上桌的是杏汁菜胆润肺汤。这道汤有浓浓的杏仁香，十分可口。做这道汤，比较费事的是洗猪肺，要清洗很多次，直至把本来粉色的猪肺洗成白色的。然后把磨碎的杏仁和猪肺一起放到锅里熬，熬好后再加些杏仁，最后再加入蔬菜，整个过程很复杂。

这次的几道菜，每道都十分不错，吃得大家肚子圆鼓鼓。

蔡澜食单•粤菜（一）
干煸四季豆萝卜糕炒膏蟹 "相思柔肠寸断" 羊腩煲 古法烧乳猪 杏汁菜胆润肺汤

干煸四季豆萝卜糕炒膏蟹

古法烧乳猪

店名：陆羽茶室
地址：香港岛中环士丹利街24-26号地下

【富豪饭堂】

富豪饭堂位于湾仔，这间餐厅闻名已久。

长久以来，这家餐厅都保持着高水准的经营，所以很多人喜欢来。这家店的餐厅董事总经理是我的老朋友徐维均先生，执行董事是徐先生的儿子徐德耀，推广经理是他的女儿徐淑敏。徐先生的子女在国外医科毕业后，小小年纪就回到家里帮忙父亲，为父亲分忧，真是孝顺。

先介绍今天的菜式，这些全是这里的招牌菜。

清蒸老鼠斑。这里能够把一条鱼蒸至鱼肉黏住骨头，"蒸"的功夫可见一斑。香港人蒸鱼的水平很高，在世界上可以排第一位。"老鼠斑"有一种沉香的味道。但由于被大量捕杀，如今在香港吃到的"老鼠斑"都是从菲律宾进口的，沉香的味道也没有了。

菊花烩蛇羹。最适合这个时令吃的一道菜，这个蛇羹比其他地方的蛇羹清淡，没有其他地方的浓稠。

大红片皮乳猪

白灼响螺片

清蒸老鼠斑

白灼响螺片。潮州人喜欢吃响螺，以前广东人也很喜欢吃响螺。潮州人做的是烧响螺。把螺放在火炉上用炭烤，烤干了就往里加水，不停地加水，直至响螺烤熟为止。烤熟后，马上取出螺肉，切成一片一片来吃。今天，我们的吃法与潮州人的吃法不同，吃响螺时还可以蘸些虾酱。将廉价的虾酱和昂贵的响螺配在一起，很有趣。

不过，在冬季最好吃的还是腊味煲仔饭，它是天下第一美味的饭。将腊肉、腊肠、腊鸭等众多腊味铺在饭上，让腊味的油渗进饭里，所以腊肉饭要肥一点的才好。吃腊味饭的时候，可以加一点"珠油"。所谓珠油，是一种酱油，它因滴出来好像一颗颗的珍珠而得名。

这家店的"另一绝"是荷叶饭，与一般的做法不同，他们做荷叶饭时，先把饭炒至半熟，然后包在新鲜荷叶里蒸。荷叶饭里的材料十分丰富，里面有干贝、蟹肉、冬菇……只是，这荷叶饭不便宜，要300元一份。

不过，最贵的还要数桌上的大红片皮乳猪，这个乳猪的特别之处在于，脆皮是单独片出来的，这样吃起来香脆而不油腻。吃的时候，可以把脆猪皮铺在小馒头上一起吃。这只价值1200元的乳猪令一向寡言的朱璇直夸："很脆、很香、味道好极了！"这家店可以为客人现场烤乳猪。他们带上做乳猪需要的所有材料，去客人家里，铺上块铁皮，用叉叉着乳猪现场烤，可以现烤现吃，真是想着都流口水。

富豪饭堂，果然高水准！

蔡澜食单·粤菜（二）

清蒸老鼠斑
菊花烩蛇羹
白灼响螺片
腊味煲仔饭
荷叶饭
大红片皮乳猪

蔡先生三人在吃乳猪

【合时羊腩煲】

　　好吃的东西，没有贵贱之分。到茶餐厅吃东西，有另一番风味。

　　这里的合时羊腩煲最出名。在这里吃羊腩锅，可以边喝酒边吃，边吃边往锅里加东西，比如青菜。冬季，吃羊肉最适合不过了，喝上一口羊肉煲里的汤，味道清甜却不会太咸，喝一碗全身暖烘烘。

　　掀开锅盖，满满的一锅羊腩出现在眼前，羊腩煲里面还有冬菇、腐竹、笋等食材，满满的一大锅，足够四五个人吃。这一锅不只美味，还很划算，88元一大锅。

　　两个感情要好的人，不一定非要吃烛光晚餐，一起到茶餐厅吃个羊腩煲也很好、很浪漫。

羊腩煲

凤爪排骨蒸饭

【凤城酒家叹早茶】

我早上喜欢来这里喝茶。以前，在邵氏公司工作时，这里是大家相约等候的地点。每次拍外景，大家都会相约在这里吃饭，而公司接送我们的车就停在门口。

如果那天没工作，我会先要杯孖蒸。许多人都不知道孖蒸的喝法：在杯子下放个小碟，把孖蒸倒到杯子里，倒满至稍稍溢出时，喝上一口；再把溢出到碟里的酒倒回杯里，这样才是正宗。

这里有烧卖、虾饺、粉果、肠粉等点心，也有乳猪卖。450元的大红乳猪，吃时不用刀切，直接用手，只要"啪"的一声把乳猪撕开，揭下一块皮来吃，很豪迈。

但店里最好的是凤爪排骨饭。这盅凤爪排骨饭，非常美味。厨师把饭蒸到半熟后把凤爪、排骨放进去，与饭一起蒸熟。米饭吸收了所有的肉汁，吃的时候，加一点酱油就好了。

店名：凤城酒家
地址：香港岛北角渣华道62-68号高发大厦地下及1楼

倒孖蒸

【 "蛇窝" 的港式下午茶】

这家老字号茶餐厅原址在中环，最近搬到了这里。很多人称这里为"蛇窝"，即指那些从工作或繁杂的事务中偷偷溜出来的人，来到这里可以像蛇一样，懒洋洋地放松一下，享受着"偷"回来的悠闲时光。

餐厅外的墙上挂着"中环蛇窝六十年不变，只此一间"的招牌。餐厅经营者一直秉承着高性价比的原则，并且要做到餐厅60年不变。这在出品的食物上也有所体现。

这里的招牌美食是咖啡奶茶和咖喱角。咖啡奶茶，醇香可口；咖喱角，分量十足，而且松软酥香，还有浓浓的咖喱味，足可以和法国的牛角包媲美。

说起法国，我问身旁的朱璇在法国待了多久，最喜欢法国哪些地方。"在法国待了三年，与市区相比，我更喜欢法国宁静的乡村。"朱璇回答。的确，住在法国乡村的人们大都是"蛇王"（粤语方言，意为偷懒），喜欢偷懒溜出去喝酒。

吃完买单，餐厅老板邝越胜先生娴熟地算出价钱："这一桌的东西加起来85元。" 85元折合10元美金左右。说出去，法国人都不信。

与蛇窝老板合影

【阳澄湖大闸蟹】

很多人都愿意花钱吃大闸蟹，但也要懂得挑选才能吃得畅快。在餐厅吃大闸蟹都比较贵，要便宜点的，可以到专门卖大闸蟹的店铺去购买。

来到大闸蟹专门店，只见一只只肥美的大闸蟹。

冬季适合吃公的大闸蟹。把蟹反过来，看看腹部，蟹的腹部有一块贴肉长的壳甲。如果壳甲是尖的，就是公蟹；如果壳甲是圆的，就是母蟹。公蟹的蟹膏是半透明的，母蟹的蟹膏是黄色的。这里的大闸蟹480元一斤，大约两只就有一斤了。

在餐厅吃大闸蟹，虽然贵点，但也是别有一番风味，这次我介绍的餐厅是第一家将大闸蟹引进香港的餐厅。那时候，内地还不是很开放，做生意非常谨慎。上海人和杭州人喜欢吃大闸蟹，这里的老板千方百计地才与他们建立了良好的关系，终于把大闸蟹引进到了香港。直到现在，老板进的还是最好的大闸蟹。

桌上的大闸蟹，果然很大只。说起吃蟹，张大千先生是把蟹掰开两半，一手一半，大口大口地吃，很豪放。

除了大闸蟹，还有不少其他的菜。蟹粉捞面，远近闻名。吃的时候把蟹粉倒进面里，搅拌均匀，再加点醋就可以吃了。自古以来人们吃大闸蟹时都喜欢配醋，认为这样味道比较好。但我不喜欢加醋。蟹黄粉皮，蟹膏与粉皮的结合，而且蟹膏的量还十分足。真是令人一试难忘。

还有陈年加饭酒，是餐厅的一绝。全世界可能只有在这里能喝到这种酒。陈年的花雕酒会挥发，挥发后酒就变得很稠，需要加进新花雕酒混合。但只有餐馆的经理张满甫先生懂得这种混合技术。

我经常光顾于此，也与张满甫和老板都是几十年的老朋友。现在老板的女儿韩美娜小姐已接管此店成为女主人了。

虽然人面全非，但桃花依旧，这里的蟹依然保持一贯的水准，若吃蟹不来这家，就不算吃过最好的蟹。

蟹黄粉皮

【揭秘冰鲜店】

比起冰鲜，活鲜总是更受青睐，但有很多客观的原因让人们经常不得不吃冰鲜。其实，如果光从吃的角度来说，现在在化冰为鲜的技术下，冰鲜与活鲜已经越来越难分辨了。

这次来做个试验，我们去冰鲜店让店主准备了冰冻和鲜活的两种虾，分别烫熟，让大家尝尝。

分别品尝了两种虾后，大家表示很难分辨哪个是冰冻的，哪个是鲜活的。贝儿说以前在温哥华住，温哥华的冰鲜海鲜有雪藏的味道，很容易分辨。可是，这次觉得这两种差不多，很难分辨。

即使是鲜活的虾，也是养殖的。在香港，野生的虾差不多已经被吃完了，绝迹了。有一种九节虾，很好吃、很甜，但现在也很少吃到了。

化冰为鲜，其实很常见。现在，在澳洲等一些国家，有一种速冻技术。用一部大型冷冻机，可以在十多秒的短时间内将整只虾冷冻，而且冷冻的质量相当好。

蔡先生介绍鲍鱼

像脸一样大的鲍鱼

冰鲜虾店负责人雷国威先生带我们参观了冷藏库。这里的温度长期保持在-28℃，每星期从澳洲、加拿大、马来西亚、缅甸进口的速冻海鲜就是用化冰为鲜的方法保持其最佳品质的。

　　雷先生介绍说，其实有些非常有价值的海产是需要速冻的，例如鲍鱼。如果用南澳青边鲍来做罐头，打开罐头时看到都是青色的鲍鱼边，人们觉得不好看，所以就把它漂白了。但是漂白后，漂白水的味道很重，罐头里充斥着这样的味道，这就是用青边鲍做罐头的问题所在。如果吃冰鲜，就可以擦掉不好看的青色，这样感觉好很多。

　　鲍鱼的吃法有很多种，可以在洗干净后熬汤，也可用来焖。我则喜欢在熬汤后，将其再切成一片一片，这时的鲍鱼比较软，很好切。说到鲍鱼用来熬制什么最好，当然是熬鸡，做鲍鱼熬鸡最好了。

　　见到大家对鲍鱼这么感兴趣，雷先生又拿出了最近刚进的一批大一点的鲍鱼。只见这些鲍鱼的确很大，每一只都差不多和人脸一样大。别看那么大就以为它是两头，其实晒干了，顶多就是四头鲍①。

　　两头鲍，可是要比眼前的大多了，但现在那么大的已经很少了。我并不否认先进的技术，而且也赞成要用先进的技术和吃用先进技术处理的鲍鱼。但对于罐头制作的鲍鱼，别人不喜欢吃，我却认为还是很值得吃的。

注释①
所谓几头鲍是指一斤鲍鱼有几只，两只一斤的鲍鱼称为两头鲍，6只一斤的称为6头鲍。目前消费者在餐厅能够吃到的鲍鱼多是6头鲍和8头鲍，名贵的1头鲍和2头鲍很少能够见到。目前全世界的鲍鱼品种约达100余种，大致可区分为新鲜鲍鱼、干鲍鱼与罐头鲍鱼等多种，其等级按"头"数计，有"2头"、"3头"、"5头"、"10头"、"20头"不等，"头"数越少价钱越贵，正所谓"有钱难买两头鲍"。

【50多年历史的海味店】

　　这一次，我们来到一家有着50多年历史的海味店寻找最美味的海鲜。这是一家最初卖腊味、而今卖高档海味的海味店，在见证老板白手起家辛劳创业的同时，也见证着香港繁荣昌盛的发展历史。

　　这家不大的店铺，到处充斥着海鲜的味道，琳琅满目的各式海产海鲜让人目不暇接，挑花了眼。对于很多不懂海鲜的顾客来说，怎样挑海鲜，怎样挑到"平、靓、正"的海鲜，是一门大大的学问，要学的太多了。在这里，我们可以跟蔡澜先生一起了解一些关于鱼翅鲍鱼的小常识。

　　这一家店里都是宝物。这个是新几内亚婆参，浸泡之后会发大。我经常请老板帮我浸泡。很少人会这样做，欧美人、日本人等都不懂得怎么吃它。日本人只懂得吃海参里的肠！所以海参很多，我们可以尽量吃。老板也可以帮客人浸泡鱼翅。但我不建议大家吃鱼翅。人们为了取鱼翅，把鲨鱼的鳍切下来后，就将受伤的鲨鱼丢回大海，太残忍了。其实，鱼翅和粉丝形状和味道都差不多，不懂的人是分辨不出它们的差别的。即使是一碗假鱼翅，很多人也吃不出来。

　　现在，吃鱼翅是身份的象征，所以吃鱼翅主要是在吃它的身价。

　　人是贪婪的，若非要吃鱼翅，我就建议吃鱼唇，就是鱼翅头。通常情况下，人们一般把鱼翅切下来后，就把鱼唇扔掉了。其实鱼唇是好东西，鱼唇浸泡之后，一块一块的，吃下去都是肉，比鱼翅好吃得多。而且也便宜，一斤100多元，而鱼翅一斤则要3000多元。

　　再回到鲍鱼这个话题上。干鲍，这里是可以代你浸泡的。但是好的干鲍很少，其实来自南非、澳洲的鲍鱼不是真正的干鲍，真正的干鲍应该产自日本。所以，与其吃次等的干鲍，还不如吃鲍鱼罐头。这是我喜欢吃鲍鱼罐头的真正原因。最好的鲍鱼罐头产自墨西哥，它的品质、香味都是最好的。

鱼唇

怎样选鲍鱼？请注意罐头底的英文字母和数字

蔡先生讲解鱼翅和鱼唇的不同

　　墨西哥的鲍鱼有两种：一种是蓝色的鲍鱼，一种是黄色的鲍鱼。蓝色的鲍鱼是在水底3000米左右捕获的，黄色的则在更深处，所以黄色的鲍鱼会比较贵。装鲍鱼的罐底除了有效期日期之外，还有些罗马字符和数字。前面两个罗马字代表着鲍鱼的捕获地点。第三个罗马字最重要，如果是Z，则代表蓝色鲍鱼；如果是A，则代表黄色鲍鱼。之后的数字则代表罐子里原只鲍鱼的只数，"0"代表没有原只鲍鱼；"01"表示鲍鱼很大，罐子里装的鲍鱼是这只鲍鱼的一半；"10"代表一只原只鲍鱼；"11"代表一只多一块。所以买鲍鱼是有窍门的。

【燕窝之我见】

　　燕窝的功效众说纷纭，究竟吃燕窝对身体有什么好处呢？西方的研究表明，燕窝含有丰富的蛋白质和胶质。我妈妈坚持吃了几十年，她的皮肤非常好。现在，越来越多人争论吃燕窝是否真的对身体有好处。我的观点是，中国人吃了几千年的燕窝，如果没有好处就不会有那么多人吃了。

　　出产燕窝的国家主要是印尼、马来西亚、泰国和越南。而马来西亚的燕窝也是不错的，杨先生拿出了一些马来西亚洞燕燕饼给我们看，这些燕饼要5000元一斤。

　　我妈妈常常吃燕窝，而我也常常帮她买，买多了也就懂得了一点燕窝的知识。好燕窝要数血燕了。一些人以为血燕上的红色是燕子吐血而形成的，其实不然。之所以有红色，是因为燕子吃了海边含铁等矿物质的食物，所以吐出来的唾沫有一点红色。

　　我妈妈吃的燕窝是越南会安天燕燕窝，现在要32000元一斤。别看它很小，浸泡之后会变得很大。而且这种燕窝吃起来有一股香味，是其他燕窝所没有的。还有一种比会安天燕燕窝更好的，是会安官燕燕窝，约38000元一斤，它比天燕燕窝要大一点、厚一点，颜色也白点。

　　吃燕窝一次一汤匙是没有效用的，至少每次吃一小碗。至于什么时候吃最好，店长杨先生认为并没有严格的规定，有些人喜欢晚上空腹吃，但他觉得吃饱饭吃比较好。我的母亲则是每天早上起来吃一碗。

蔡先生介绍燕窝

【妙曼普洱】

　　茶是许多中国人生活中不可或缺的物品，近年来各种茶叶的价值被人们认识，尤其是普洱茶，更是价值非凡。但是，在众多推崇普洱的人里，其实大多对普洱的认识十分有限。

　　香港卖茶叶的地方很多，但这家店茶叶的价格合理、品质可靠。就说普洱的价格吧，如今在内地被炒得很高。这家店开出的价格比较实在。

　　茶庄创办人是陈朝英先生，他在1881年创办了这间茶庄。现在掌店的是第四代传人、茶庄董事陈树源先生，他们暂时还没有自己的茶园，不过店内的茶叶多半从内地的茶厂进茶青，运回香港后在自己茶厂再炒制。

　　云南是普洱的产地，但是云南人并不懂得喝普洱。最早将普洱制成饼装，是为了方便购买者携带，尤其是新疆、蒙古等游牧民能随身放在背包里。游牧民们用普洱来中和羊奶和马奶。一般普洱是以筒计算，一筒有七块茶饼。

　　陈先生让员工拿出了几个茶饼，推荐给我。这些茶饼分别是20年、15年、12年和9年的，这四块茶饼都是由青饼自然发酵而成的。所谓初生普洱，是刚刚制成的还未经收藏，从制成到如今可能只有一两个月时间的普洱。熟饼是由已经发酵过的茶叶压制而成的，是不需要经过收藏就可直接饮用的。不过，喝起来味道有点涩。

　　在酒楼喝普洱的时候，很多人都会点"菊普"。陈先生说十年前人们都喜欢在普洱里加点菊花，究其原因自己也不太清楚。但是近年来，这样喝普洱的人已经逐渐减少了。

　　普洱的保存是很讲究的。一般人只知道年份越久远的普洱茶饼就越珍贵，却少有人知道它的保存方法。如果保存不当，会影响茶饼的质量、沏出来的味道、甚至它的价值。不同的茶饼，它们之间的味道是会互相影响的。如果把茶饼保存在一个大茶仓里，由于不同的茶饼放在了一起，它的味道就会与单独放置的茶饼有很大的区别。

　　除了茶叶，水的质量对泡出来的茶也是有很大影响的，如果要讲究的话，应该用什么水来沏普洱茶呢？陈先生说香港的自来水里含有氯气，如果用自来水泡茶，建议沏茶前把水先放一个晚上。其实还有另一种办法，就是用过滤器把水过滤一下。

这些茶饼分别是20年、15年、12年和9年的，均由青饼自然发酵而成。

【水仙茶】

除了普洱，我还喜欢喝水仙。这次，我们要去一家专卖水仙茶和铁观音的茶叶店。

和我一样在南洋长大的人，对水仙茶那种粉红色罐子一定不陌生。水仙要经过多次烘焙，直至变成像铁的颜色一样。这种茶，入口甘甜，并且甘甜的味道能持续很久。

茶叶店的师傅每次沏茶时都洗杯子，这样洗过之后，拿起来暖暖的，让人觉得很舒服，尤其是在冬季。一般来说，茶的第一泡很重要。对于水仙来说，第一泡如果不好，则说明这种水仙不是好水仙。

以前我也喝铁观音，但觉得现在铁观音的质量不如从前了。铁观音是制茶的一种方法，它集合了老茶的颜色、中度茶的甘味和新茶的香味。不过，这家店也出售铁观音，这里的铁观音有所不同，茶叶被烘焙至比一般的铁观音颜色黑。

这种像铁一样颜色的茶就是水仙。

【美食与好茶】

　　这里的主人叶荣枝先生是个会享受的人，开设了这个有美食和好茶的好地方，但叶先生说自己只是忙里偷闲，忙人之所闲而已。

　　叶先生拿出来的茶叶是被称为"香港人的光荣"的普洱——港沧。所谓港沧，是指比较潮湿的地方。茶叶不是怕潮湿吗？的确，许多茶叶的保存都要求干爽的环境，但因为普洱发酵成熟需要湿度，所以它不会像其他茶叶那样对湿度要求非常严格。

　　普洱很耐喝，而且是越喝越好喝。喝茶时，头一两次洗掉的茶水也不算可惜。

　　几杯茶后，叶先生指着桌上的糯米鸡说："我推荐你吃这个糯米鸡，或者应该叫它糯米包。是把生糯米包在荷叶里蒸熟的，你尝尝有没有荷叶香。"说到吃，我想起一件有趣的事：当年成龙先生的父亲教会我做茶叶蛋，我到非洲后闲来无事时，就用鸵鸟蛋做茶叶鸵鸟蛋。

在贝儿家，三人喝茶。

叶荣枝先生茶室环境

　　爱喝茶的叶先生也喜欢收藏茶盅。他的藏品有民国初期的茶盅、比一般茶盅大的成对的茶盅，写着朱子治家格言的茶盅，还有乾隆时期的酱色青花茶盅。

　　茶叶可以收藏，茶盅也是值得收藏的。虽然与以前相比，现在这些茶盅的价格贵了，但是，还是很值得从现在开始收藏的，因为以后肯定会更贵。不过，收藏茶盅也不一定要收藏旧的，新的也可以，关键是要收藏颜色、花色好看，即让人悦目的茶盅。

蔡先生和叶先生一起欣赏茶盅。

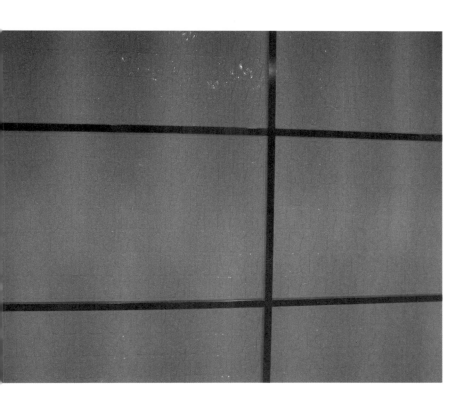

国际都会国际菜

　　懂得欣赏简单的东西也是一种品位，因为在简单的东西上才能变出精彩。香港，有很多吃西餐的好地方。但其实不仅是西餐，在香港可以品尝到任何一个国家正宗的菜式和味道，这正是香港独具特色的一面。

【品味法国菜】

选择的这家法国餐厅，装修设计简单，餐牌也简单。

我之前来过几次，觉得环境舒适，上菜节奏快，东西又好吃。这间餐厅提供早餐、午餐和晚餐，在这里，你可以选择简单的或者丰富的菜肴。但你若多点几样菜，也不会吃到撑，总之，觉得这里不错，就会再来。

第一道菜是海胆龙虾冻，配椰菜花奶冻及脆海苔薄片。这道菜的主要材料是海胆，用龙虾汤凝结而成的果冻在旁边；另外配的海藻，就是将昆布①做成一块饼干状，是配海胆吃的，表面还有金箔，看起来十分珍贵。在橙色的海胆旁边有一些白色像豆腐脑一样的东西，这叫PannaCotta（意式奶冻），是一种用椰菜花做的意大利甜品。

接着上来的是西班牙黑毛猪腩肉，配小鱿鱼、法国白豆。这道菜用的是西班牙黑毛猪肉，是专门用来做火腿的猪肉。这家餐厅的厨师是法国厨师，他对自己很有信心而且对食材有较高的要求，因此做这道菜一定要用西班牙黑毛猪肉，而不用法国猪肉。这道菜，虽然有一层层的肥肉，但由于采用慢煮的方法进行烹制，就是把它放进一个袋子，低温煮将近二十个小时，因此吃起来一点都不肥腻。

接下来的菜是法国羊鞍、羊架、羊淋巴派，配法国白豆及番茄。羊淋巴腺平时很难遇到，口感吃起来很像香肠。羊架是一大亮点，非常好吃。

海胆龙虾冻，配椰菜花奶冻及脆海苔薄片

很多法国餐厅都把心思放在食物装饰上，所以我们会看到所上的菜，拌碟装饰很漂亮。可是我觉得餐厅应该在食材的选择、食物的烹调上下功夫，这样才能为顾客奉上一流的菜肴。

店名：置地文华东方酒店 Amber
地址：香港中环皇后大道中15号7楼

注释①
_____
昆布，海藻类植物，又名纶布，可供食用、药用。中药中多以此指海带。

蔡澜食单·法国餐

海胆龙虾冻，配椰菜花奶冻 & 脆海苔薄片
西班牙黑毛猪腩肉，配小鱿鱼 & 法国白豆 & 雅枝竹
法国羊鞍、羊架、羊淋巴派，配法国白豆 & 番茄

- ✂ - - - - - - - - - - - - - - - -

【英式下午茶】

　　坐在直升机上，俯瞰香港的风景，飞过香港会展中心，果然觉得从天上俯瞰它更像一只乌龟了。今天我要和邱凯敏还有2008年度国际中国小姐冠军朱璇两位去半岛酒店喝英式下午茶。

　　这家酒店的大堂宏伟宽敞，是我迄今见过的最宏伟的酒店大堂。酒店所属的集团在世界各地都有分店，在上海也有，我刚在那里住过。可是，上海分店的大堂比这里小多了。这间餐厅的英式下午茶，所供应的茶、点心等完全是采用英国的传统做法，体现英国上层社会的生活。

英式下午茶

英式经典下午茶沏奶茶时，先放牛奶再放茶，这与平时在香港见到的奶茶做法相反。在高级的英式下午茶中，一定有黄瓜三明治，这是英国人非常喜欢吃的点心。但我却觉得，黄瓜三明治是所有点心中最不好吃的。而生活在社会底层的人，通常用鳗鱼果冻作为点心。虽然在英国，鳗鱼果冻被认为是生活在底层人们的食物，但我觉得很好吃，也很喜欢吃。

今天喝的下午茶套餐，价格总是在变，每次来都不一样。现在两人套餐要398元，比以前贵了。如果再讲究点，每人多加1000多元，就可以坐直升机来，像我们刚才一样。或许有人觉得这样太奢侈，但在我看来，这是个人的选择。

记得多年以前，有一次与李翰祥先生在这里喝茶，碰巧遇到白小曼小姐，当时所有茶客的目光都聚集在白小姐的身上。可惜，白小姐在拍了一两部电影之后，就自杀了。我想，如果当时白小姐懂得坐下来喝杯茶，享受一下生活，可能她就不会自杀了。

倪匡说，人会"痛苦"和"心痛"，但"痛苦"和"心痛"是不一样的。被刀刺伤的感觉是"痛苦"的；而"心痛"源自对事情的看法。如果把事情往坏处想，心就会痛。

所以说，心痛是自己想出来的。

华丽的酒店大堂

【空中花园中的个性西餐】

　　在大厦密集的中环，也会有空中花园一般的地方，让人感觉跳出了水泥森林，银行大厦好像花园里高高的树，立法会就好像花园里矮矮的树，面对着深邃的维多利亚港，享受着繁华中的宁静惬意。

　　经营这家如空中花园般的餐厅的是智慧与美貌并重的郭志怡小姐。在中环这样的地方，以高昂的租金租下22000平方尺的地方，不仅需要勇气，还需要智慧和心思。而郭小姐更是全身心投入，从杯碟的搭配到食物的选择，都全程参与，就连杯碟都是自己设计的。

　　这家餐厅，不光外面的阳台的风光优美，餐厅门口还有一片布满植物的墙，据说老板为了"空中花园"的环境，每个月光打理植物就要花8万元。

　　餐厅的食物，可以说也是老板匠心独运。在这家西餐厅中我们会吃到价值200元的中式牛肉面。老板是有中国菜情结的，作为中国人的老板不希望在自己经营的餐厅里只能吃到西餐，所以就有了这个牛肉面。

　　牛肉面果然好吃，一点都不比台湾牛肉面逊色。内地和台湾的牛肉面最大的不同是台湾用的是黄牛肉，黄牛在内地和香港的数量很少。所以台湾牛肉面另有一番味道，但是其实两种都很好吃。

　　接着送上桌的是脆多隆薄饼，来自印度。做法是在平底铁板上倒进米浆，烘焙成薄薄的一张大饼。有时候做成甜饼，很大一张，就像桌上放的这些饼，平时餐厅提供的都是这种。今天，为了方便我们，餐厅做了两个小的。不过，我还是觉得大的有气势，有意思。脆多隆薄饼在印度十分普遍，里面一般会有鸡肉作馅，但是许多印度人就只吃皮，里面蘸点糖，也挺好吃的。

　　接下来的菜是干胡椒煎和牛扒，配牛肝菌盐粉。这道菜是用澳洲和牛、黑色、白色4种胡椒，再配上牛菌汁烹制而成。这道菜有点辣。

夜色下餐厅的阳台

说起辣，朱茵突然很好奇地问我为什么会喜欢辣的女人。我喜欢有个性的女人，如果说辣嘛，我喜欢大辣型女人。女人如果要辣，就辣到极致；如果要温柔，就温柔到极致，这样比较好。

吃过中国面，现在上桌的是"西洋面"。这个是大虾蟹肉意大利粉，配的是香槟忌廉汁，中间加了一些青瓜丝，上面铺着的是黑松菌。黑松菌的价格非常昂贵，贵在它无法人工养殖而又很难寻找。人们不清楚黑松菌生长在什么地方，所以要通过一些经过训练的动物帮助寻找。

接下来上桌的是价值280元的东星斑、海鲜、豆腐鱼蓉鱼汤米线。大家品尝后都一致认为它值这个价钱，不仅汤鲜美，一点也不腥，而且米线也完全吸收了汤汁。

最后是餐厅准备的——"玛丽·安托瓦内特的渴求"，老板说吃过这套甜品的每个人都会赞不绝口。据说它是以一位皇后的名字命名的。高耸的棉花糖造型，其灵感来自玛丽皇后的发型；七彩缤纷的设计和开心果仁味的草莓蛋糕，让人一试难忘，回味无穷。

店名：SEVVA
地址：中环遮打道10号太子大厦25楼

蔡澜食单·个性西餐（一）

台湾牛肉面
脆多隆薄饼
干胡椒煎和牛扒
大虾蟹肉意大利粉
东星斑、海鲜、豆腐鱼蓉鱼汤米线
玛丽·安托瓦内特的渴求（甜点）

印度脆多隆薄饼

鸡尾酒

黑巧克力马提妮（Dark Chocolate Martini）
白巧克力马提妮（White Chocolate Martini）
"我知道我很美丽"（I know I am beautiful）
绿色YUM YUM（Green Yum Yum）

甜品——玛丽·安托瓦内特的渴求

餐厅的植物墙

【苏三夫妻的小天地】

今天，我要带着陈贝儿、陈嘉容和林莉来到一家充满创意的餐厅尝试特色美食，单看这间餐厅，装潢虽并不华丽但却十分有特色，使用了各式猫的造型作为装修元素，看得出店主花了不少心思。

苏三是这家店的老板娘兼大厨。她以前是杂志编辑，自己给自己出的几本书做编辑。她丈夫是摄影师，曾经和我一起出国，人很好。现在两人一起创办属于他们自己的"小天地"，在实现着他们的理想。

趁着我与林莉和嘉容聊得火热，贝儿到餐厅的厨房去"偷师"，捧出一道刚刚跟餐厅老板学会的"腐乳多士"。腐乳可以代替干酪（芝士）来做多士，这种融合菜式（fusion）我是接受的。

苏三夫妻的小天地

　　品尝完贝儿的手艺，接下来我的好朋友Patrick（潘爵颖）和苏三小姐上了两道菜。有多士、有鸭、有像血一样东西的是苏三的拿手菜——鸭松多士，这道菜每次都要做三四天。

　　Patrick做的是鸭胸沙拉。这个肉看起来像未熟，但因其一直在烤制中，所以是熟了的。

　　接下来Patrick为大家奉上餐厅精品美食仁稔酱蛋白豆腐、烟熏猪手虾子捞面、"红酒"、香草盐焗鸡，以及鹅肝糯米饭。

　　这个看起来好像血一样的东西，　Patrick将它命名为"红酒"。只看这杯"酒"的品相和颜色，确实想不到它的味道，其实这是牛肉清汤。

　　我喜欢鸭酱（鸭松多士）。做法复杂，需要花功夫，但具有创新性。最重要的是味道独特，在其他地方很少能吃到。这次，我的评价是：妈妈（苏三）做的鸭酱得第一名，第二还是妈妈做的，Patrick做的"红酒"得第三。

　　大家饱餐一轮后，看到开放式厨房不禁想一探究竟，与其等上菜，不如我们进去，自己动手。炉旁埋头苦干的Patrick正烹制海鲜锅。锅里有蚬、虾、鱿鱼、膏蟹，Patrick解释说这道菜最重要是要加些单一麦芽威士忌，因为这种威士忌比较甜，会令汤底尤其鲜甜。

　　三、二、一！赶紧吃吧。

蔡澜食单·个性西餐（二）

鸭松多士
1. 将鸭加入调味料，低温烤四五个小时；
2. 把鸭肉取出，汤内留下骨头和皮；汤里加入杂菜，熬制成浓汤；
3. 将取出的鸭肉炒香，放入汤里，继续熬，直到鸭肉完全吸收汤汁为止。

鸭胸沙拉
1. 将取出的鸭胸肉用威士忌、海盐腌制一个星期；
2. 放进烤箱，用50℃低温烤制12～14小时。

仁稔酱蛋白豆腐
1. 将仁稔果浸泡、拍烂，加入面豉酱焖至味道合适，再加入虾米、
   青红椒、猪肉粒，做成仁稔酱；
2. 将仁稔酱拌入蒸熟的蛋白豆腐。

烟熏猪手虾子捞面
1. 将茶叶、糖放入猪手中，熏制成烟熏猪手；
2. 锅里倒入油，用蒜、姜把油炒香；
3. 油烧热后，加入虾子，慢火炒；
4. 将竹升面放入，加入少许老抽（浓酱油）调拌。

"红酒"（牛肉清汤）
1. 用碗盛放牛肉放入锅里炖，慢慢炖制
   出肉汁来（与制作鸡精的原理一样），
   由于发明者觉得比利时红菜头的味道
   和牛肉的味道很般配，所以加入了比
   利时红菜头调味；
2. 炖好后用滤网过滤。

看似红酒的牛肉清汤

蔡先生等人和苏三夫妻

香草盐焗鸡
做鸡时加入一些西式香草和梅酒，用低温焗，这是保存肉汁和水分的
关键。

鹅肝糯米饭
1. 糯米洗净、蒸熟；
2. 用帕巴马火腿将鹅肝包住，同时配以一些泡酒用的龙眼肉；
3. 吃的时候，将鹅肝用调羹拌匀即可。

海鲜汤
1. 将西芹、洋葱、椰菜等菜熬制成杂菜汤；
2. 炒香菜蓉，再加入杂菜汤；
3. 然后煮比较难熟的蚬，此时加入单一麦芽威士忌；
4. 再放虾、鱿鱼、蟹入锅焖制。

鹅肝糯米饭

蔡先生现场示范炒蛋

【以辣闻名的泰国菜】

　　我喜爱吃辣，贝儿、林莉、嘉容三人也很喜欢，所以这次去吃以辣闻名的泰国菜。

　　泰国餐厅在香港有不少，但我们经常吃的泰国菜品种太少了。这家的菜式比较特别，那些在泰国很平常的食物，经这家餐厅加工后，也成为了可口的特色菜。

　　每次吃泰国菜，我都会三番五次地介绍我所发明的鸡尾酒——"湄公河少女"。首先，在加冰的杯里倒入泰国湄公河威士忌；然后加一些椰青。特别注意的是威士忌越新鲜越好，所以买泰国威士忌要注意出产日期。

　　看看这家的出品吧。这个炒泰国方便面，仅看外形就很吸引人。旁边的是"腌蛳蚶"。以前，吃新鲜蛳蚶很简单，就是用开水一烫，掰开就吃了。但在这里，蛳蚶的肉已经取出来了，直接吃就可以了。因为污染，所以很多人都不敢吃蛳蚶。但是在泰国有专门养殖蛳蚶的。一般而言，养殖的东西没有天然的好吃。可是，泰国养殖的蛳蚶却不一样，比较肥美，大家可以放心吃。

蔡先生等人吃泰国菜吃得十分开心。

腌蛳蚶

除了腌蛳蚶这道平时吃泰国菜很少会点的菜式，我还点了咖喱海鲜脆包、香叶包、椰汁鸡汤等泰国经典菜式。咖喱海鲜脆包可以直接吃面包里的咖喱，但如果喜欢吃面包，也可以直接用面包蘸咖喱吃；香叶包，用槟榔叶装着椰丝、辣椒，吃的时候再加点椰糖，还可以用来佐酒；椰汁鸡汤，则透着浓浓的椰香。

说到吃泰国菜，怎么少得了冬阴功？冬阴功是最能体现一家泰国餐厅水准的菜式。正宗的冬阴功一定要用火锅做。"冬阴"是"酸辣"的意思，"功"是指"虾"。做冬阴功，一定要用虾膏丰富的淡水大头虾，这样煮出来的汤是红色的。另外，煮的时候要加点柠檬叶和金不换。提起冬阴功，记起已故导演何梦华先生的一件趣事，他第一次到泰国拍电影《鳄鱼河》。那时，到泰国去拍电影的香港人很少，所以泰国皇室十分重视，特意宴请何先生。宴席的第一道菜就是冬阴功，可是何先生很少吃泰国菜，并且也不吃辣东西。当他吃第一口时，辣得他把所有的食物都吐了出来……后来，别人问他冬阴功是什么味道，他说是肥皂味。

吃过"正餐"，最后上甜品。桌上的甜品有芒果黑糯米、木薯、南瓜布丁和千层糕。木薯是植物的树干，生命力很顽强，南洋很多地方都有，用开水一煮就可以吃了。战争时期，由于这种植物容易生长，而成为了难民们的主要食物。而千层糕的特别之处在于颜色是天然的，厨师使用了班兰叶把它涂成了绿色。班兰叶是一种植物，生长茂盛，还散发着淡淡的幽香。如果放在车里，可以做天然的空气清新剂。

我经常在杂志里给大家推介一些餐厅，对于泰国餐厅，正宗的我才会推荐。"正宗"即不仅味道正宗，食材、菜式也应具有代表性，如我们刚刚吃到的蛳蚶、冬阴功。有一些餐厅，虽然味道很好，但菜式略显沉闷。遇到这样的餐厅，我就会给他们一些建议。对于那些虚心接受建议的餐厅，我就很乐意推荐给爱美食的人士；但对于那些用各种借口拒绝建议的餐厅，我就不会向别人推荐了。

蔡澜食单•泰国菜

腌蛳蚶
咖喱海鲜脆包
香叶包
椰汁鸡汤
冬阴功
芒果黑糯米
木薯
南瓜布丁
班兰叶千层糕

甜品——木薯

蔡先生发明的酒——"湄公河少女"，要用到两样原料：湄公河威士忌和椰青。

【令人听而生"畏"的埃及菜】

中环像联合国，你能找到你想吃的任何一种菜式。说起中东及非洲地区的美食，可能有人会"听"而生畏，但是今天，我正是要带着朱茵、郭羡妮和林莉去吃埃及菜。

这间埃及餐厅的装潢给人身临埃及的感觉。门口和餐厅内都放了中东地区十分流行的水烟。要抽这种体积这么大的烟，并不是点火即可，还有不少程序。首先要在水烟的烟瓶里注入水，然后在上面的烟碗里放入炭，炭上再放泡过蜜糖的烟草，点燃后，就可以抽烟管末端的烟嘴。不过，放在这里的是不可以抽的摆设，否则要罚款1500元。

这家餐厅提供的都是很典型的埃及菜，如薄荷酸乳酪、芝麻酱鹰嘴豆蓉，还有最具特色的埃及风味生羊肉。这款菜看起来与常见的猪肉饼差不多，里面除了有些豆，还有生羊肉混在里面。

受到三位一致好评的是干果酿春鸡，配红石榴汁。鸡里面酿了杏脯等果仁，她们纷纷夸鸡肉嫩滑，尤其伴着果仁一起吃，很合适。

最后是酥皮焗蔬菜炖羊肉，配饭。其实在印度也有类似的焗羊肉饭。不过这些饭是用特殊的米做的，跟平常吃的不一样。而且，当地人在吃这个饭的时候，会用手捏一下，然后一弹弹进嘴里，像做特技一样。

除了埃及的传统食物外，餐厅还有埃及的传统肚皮舞的现场表演，让客人可以边吃边看埃及肚皮舞表演，品味埃及文化；如有兴趣，还可以与舞蹈演员一起跳舞。

店名：Habibi
地址：中环威灵顿街112号 Shop B-D

蔡先生讲解水烟

各式埃及菜

【弥敦道的 "小韩国"】

　　弥敦道一带，被称为"香港的小韩国"。最初，这里聚集了几家韩国餐厅；渐渐的，超市、食品店也聚集到这里，慢慢就形成了小韩国。这里很多人都用韩语交流，置身其中仿佛到了韩国似的。

　　我经常光顾的是这里最"古老"的韩国餐厅之一。对于法国餐厅而言，厨师很重要，如果厨师离去，餐厅就难以经营下去。韩国餐厅则不然，自己煮食物，厨师也多是"自己人"，只要做的食物地道，就能一直经营下去。而大多数的韩国人都十分注重保持正宗韩国菜的味道，不会因为食客的喜好而作太多的改变。所以，韩国餐厅不容易倒闭。

　　这里也有专卖韩国食品的商店。我推荐一款韩国的饮品"肉桂冷饮"。这款冷饮是在冰糖水里加入肉桂皮、红枣丝、松子制作而成。

蔡先生一行在韩国小吃店

离开商店，肚子有些饿了，我们进了一家韩国泡菜店。泡菜店的老板李钟然已经到港33年，说得一口流利的粤语。她热情地招待了大家许多韩国特色小吃，如泡菜、鸡泡鱼、辛辣芝麻菜、明太子辣鱼春。老板介绍说香港人现在已习惯吃韩国的小吃，像生腌辣蚝、辣小蟹、辣小虾等韩国小食，自己刚来港那会，请他们吃都不肯吃。

　　在这家店，我见到在香港罕见的花旗参菜。这种菜，有点像野人参。韩国人认为花旗参菜代表自己，如果你说"花旗参菜，我喜欢"，他们听到就会很高兴。老板说，花旗参菜在韩国很出名的，以前自己腰痛，常常煮来吃。

　　韩国菜在香港尤其受到女人的喜欢。大多数韩国食品的卡路里不高，所以吃韩国菜不用怕长胖。

韩国著名的花旗参菜

韩国小吃——生腌辣蚝

【重庆大厦——印度商品的汇集地】

不少人也和羡妮一样，重庆大厦总是一个过而不入的地方，今天，就由我带着她和林莉感受一下重庆大厦。

一路往前，只见如今大厦内的商铺，手机店占了一大半。重庆大厦，在自身的变化中见证着香港的变迁。由于现在的印度少女都穿现代服饰，例如牛仔裤等等，对传统服饰的需求大大减少，因而传统印度服装店越来越少，剩下仅有的几家生存在大厦内的，店面也比以前小多了。取而代之的手机店在此蓬勃发展。

虽然许多商铺搬离，又不断有别的商铺进驻，但这里有一样东西是没有变的，那就是美味的食物。眼前的一家烤肉店做的土耳其式旋转烤肉，始终保持着正宗的土耳其风味。正宗土耳其烤肉会不规则叠加，并且有肥肉和丰富的肉汁。如果你看到的烤肉一块一块叠得很整齐，而且全是瘦肉没肥肉，那一定是不正宗的店铺。

身穿印度服饰的蔡先生

　　除了美味的食物，重庆大厦还可以找到很多印度的东西。除了印度服饰店，还有各种食、用的东西。这里有一家印度的特色杂货店，摆卖琳琅满目的各式印度商品，如印度茶、印度椰子等等。印度椰子与常见的椰子不一样，它的体积偏小，价格也不便宜，印度人经常会把印度椰子加在羊肉炒饭里。店里还有来自印度、巴基斯坦的皇帝芒，它和菲律宾的芒果味道完全不同，十分美味。

　　最后老板介绍的是印度人常用的东西——头油，又叫"Cool"水。如果头发多，但又不是每天洗头，就可以把它涂在头发上。它含有薄荷，清凉清凉的，很舒服。

　　如果要买地道的印度货，这里真是不错的选择。

【香港第一的芝士房】

　　今天，我们来到的是一家看起来不起眼的咖啡室，它的秘密在二楼——这家咖啡室的二楼，有一个专门的地方展示各式芝士，以供客人选择。这是香港第一家芝士陈列馆。

　　进入芝士房，林莉和贝儿都觉得十分冷。芝士房的温度只有10℃，10℃是存放芝士最适中的温度，在这样的温度下，芝士能够得到很好的保存，不再发酵有变化。

　　芝士房里摆放了各式芝士，最厉害的臭芝士叫英国软芝士（stinking bitshop），又叫"臭教士"。旁边这种黑色的也是属于臭芝士的一种，芝士房里还有最臭的臭芝士。红色的是西班牙果酱冻（Quince），口感是酸酸甜甜的，可以和臭芝士一起吃，用来中和臭芝士的味道。法国蓝芝士（Roquefort）则适合与蜂蜜一起吃。

主人为蔡澜先生、贝儿和林莉准备的芝士大餐

蓝芝士是贝儿绝不想吃的。她曾经买过这种芝士，放在冰箱里，结果最后冰箱里"臭气熏天"。所以，她这次也仅象征性地尝了一小口。

说起芝士，意大利有一种做面的方法，就是把煮熟的意大利面倒到一块大芝士上。这块大芝士的形状像锅一样大。芝士被热意面的温度融化，每一条面上都沾满了芝士，味道非常鲜美。这就是芝士锅子。

吃芝士再配点酒才完美，芝士最好配甜葡萄酒。含有Muscat（法国、西班牙称作Muscato）这种葡萄的欧洲红酒，大多都是甜的，吃芝士时可以选用这种酒。

芝士房里的芝士

看样子，味道应该不错！

【幸福的"酒窝"】

在法国，好的红酒主要产自两个地区：波尔多和勃艮第。从酒瓶就可以分辨出产自两个地区的红酒。产自波尔多的红酒，其酒瓶是直身瓶型，类似中国酱油瓶形状；产自勃艮第的红酒，其酒瓶是略带流线型的直身瓶型。由于勃艮第地区的葡萄产量少，出产的酒少，加上不合理的炒作，所以勃艮第的红酒非常贵。

红酒价格不等，从几十元到几十万元的都有。许多人并不懂得红酒的价值，只知道酒的价钱。一瓶普通年份的波尔多红酒很贵，要8000元；如果是好的年份，价格就更高了。但是，在波尔多地区你会发现，同样的山坡、阳光，相邻两块地出产的红酒，一瓶2000元，而另一瓶却8000元。但如果你会挑选红酒，就不一定要选8000元的红酒。只有有一定的品酒能力的人，才能喝出两种不同价格红酒的区别。

除了自身的出品外，环境对红酒的品质也有重要影响。所以许多价格不菲的红酒都会有专门的"酒窝"保存。大多数人会将名贵红酒存放在酒窖里，因为酒窖的温度和湿度能让红酒保存在最佳状态，这就不会暴殄天物。

来到其中一个小酒窖，酒窖总经理李晓岚先生介绍道，像这样一个大小的房间做酒窖，一个月要4000多元。这样的酒窖的确不错，可以买了放在这里保存。不过，一般我在国外订购，需要的时候再让他们寄过来。因为酒要坐飞机过来，所以贵一点。

波尔多红酒

接着，李先生又带我们去看一间更小的酒窖，他介绍说，这个酒窖虽然看着小，但可以摆1600多支酒，租金为一个月2000多元。如果一个人能买1000多瓶红酒，把这个小酒窖放满，2000多元的租金对他而言就是小菜一碟了。

　　不过，在这个酒窖里，有大大小小115间小酒窖，按每个小酒窖都几千元一个月的租金来算的话，每个月的收入是非常可观的。

　　李先生开了一瓶2000元的酒给我们品尝，并介绍说根据它的年份，打开大约两小时后，会开始散发出真正的香味，那时喝为最佳。

　　这种在喝前，先把酒打开让其挥发的做法，叫"醒酒"（decanting），就是"让酒呼吸"的意思。但我觉得最好的醒酒方法还是把酒喝到肚子里让它慢慢醒。

勃艮第红酒

酒　窖

【日式家常菜】

逛完书店，肚子有些饿，于是我们去弥敦道一带的日本餐厅品尝日式家常菜。

走到目的地，映入眼帘的是一家朴素的日本餐厅，它的设计、装修都很简单。

刚坐下，我马上捧来一大个寿司拼盘。一向喜欢吃刺身的羡妮乐得像花儿一样，拿起筷子哼着歌，吃了起来。

其实，这家餐厅特别的不是刺身，刺身也不是今天的主角。

首先，我们要品尝的是这家的自制饺子。接下来还有许多其他菜，有烧松茸，是烧烤过的日本松茸菇；有鳗鱼豆腐焚，两层豆腐中间夹块鳗鱼，是最受欢迎的菜式之一；还有池鱼南蛮渍，先把小池鱼煎好，然后泡在醋里。

这家餐厅是喝酒的好地方，而刚刚上的这些小菜，用来佐酒再合适不过了。

所以，吃日本菜不一定就是吃刺身，尝尝这些日本家常小菜就很不错。此外，还推荐这里的家常日本拉面，味道鲜美，价格公道。

蔡先生等人和铃木先生

这家餐厅的老板铃木昭宣，是香港第一代日本厨师，坚持做最传统的日本家常菜。靠着妈妈留下的烹饪笔记，烹制出充满日本传统风味的家庭小菜。来港37年，他每天都钻研妈妈的烹饪心得，用心炮制出令人赞不绝口的菜式，因此很多在香港的日本人都是这家餐厅的座上客。

铃木先生说，直到现在他仍然努力维持着当年妈妈做的这些菜式的味道。30多年前他就来到了香港，他开设这家餐厅时，香港的日本餐厅还很少。他在香港定居下来，并娶了一个香港人，之后就没有回日本，因此他的母亲以前经常来港探望他。现在，他的母亲和太太都去世了，可铃木先生依然坚持继续经营这家餐厅，没有回日本的打算。

随后，铃木先生又陆续送上了几个菜。鲭鱼板压寿司，厨师在鲭鱼上还铺了一层海菜，酸酸的，很开胃；甘鲷西京烧，采用西京烧这种烧烤方式制作马头鱼肉，在上面涂了面豉酱来烧，吃起来甜甜的；和牛味噌烧，是公认的最好吃的牛肉，做这道菜时，用低温慢慢烤整块牛肉，将其烤至入口即溶。牛肉本身就很肥美，而且入口即溶，非常美味。

这餐日本家常菜，真是吃得肚子饱饱。

蔡澜食单・日本家常菜

寿司拼盘
自制饺子
烧松茸
鳗鱼豆腐焚
池鱼南蛮渍
鲭鱼板压寿司
甘鲷西京烧
和牛味噌烧

和牛味噌烧

鲭鱼板压寿司

甘鲷西京烧

【全港最美味的甜品店】

这次我介绍的这家店是全港最小的甜品店，但所出品的甜品却是最好吃的。而且，除了奶油是在港采购的，这家店做甜品的其他原料都是从日本进口的。

甜品店的店主是来自日本的崛胁成一郎。崛胁先生原本是公司职员，在香港邂逅了一位香港女子，所以决定留港不回日本了。

热情的崛胁先生特意挑了几款招牌甜品让我们品尝。

店主首先推荐的是黄色的"和果子布丁"，布丁不含任何果冻粉，完全由鸡蛋和糖制作，所以有浓浓的蛋味。由于这款甜品选料讲究，吃起来不会甜腻。

和果子布丁

店里最受欢迎的则是"焦糖布丁"，吃的时候在布丁上浇上焦糖。入口后像水一样溶化了，香滑可口，很特别。

接下来是新出品的"抹茶红豆布丁"，这种布丁是用豆浆做的，特别适合对牛奶敏感的人。

最后上桌的是浅粉色的"寒天啫喱"，里面有许多星星形状的点缀。我一向就很喜欢吃啫喱。

爱好甜点的朋友，不要错过。

焦糖布丁

抹茶红豆布丁

【日本拉面】

　　香港人非常喜欢吃拉面，林莉说自己也是其中一个，尤其是品尝过不少日本美食后，发现自己特别喜欢饺子和拉面。拉面店的总料理长张成耕先生首先送上两碗热腾腾的拉面，并介绍道，这两碗分别是樱花虾大蚬拉面和北海道金芝麻豚肉地狱拉面。樱花虾大蚬拉面是由怀石料理演变来的，大蚬在日本是很名贵的食物，所以蚬通常会用在怀石料理中。

　　一碗好的拉面，食材要好，面要有质感，水要煮沸，还有就是好汤底。通常在家里熬的猪骨汤都是深棕色，而拉面店的猪骨汤底却是白色，这是为什么呢？张先生告诉我们白色是因为熬的时间长，这里的汤底需要熬8小时，先用大火熬4个小时，再慢火熬4个小时，而且是用猪骨酱、鸡、日本小鱼、木棉花等材料熬制而成。

　　日本拉面传到香港，虽然风靡香港，但同时也面对着怎么迎合香港人多变的口味这一问题。张先生表示："要迎合香港人的口味，要多花心思在烹调过程中。比如你们刚刚吃的金芝麻拉面，我们是用慢火慢慢炖肉，把肉的油都炖出来，这样吃起来就不肥腻了。还有大蚬拉面，我们针对女士特别推出高贵大蚬拉面。此外，我们利用意见调查表收集客人的意见，老板也会定期组织我们到日本考察、学习。"

餐厅环境

【伊藤胜浩的餐厅】

　　我是喜欢坐在柜台吃日本菜的。这样不仅可以马上尝鲜，还可以和师傅聊天。来到这次推荐的日本餐厅，坐到柜台前，看到的食材都非常新鲜，可见这家店进新货的频率比较高。这边的小食也非常家常，在一般日本餐厅吃不到。

　　店中的招牌菜"芝士伴吞拿鱼杂"是其他日本餐馆没有的。这是很特别的一个菜，我每次来都要吃。把腌好的吞拿鱼的内脏铺在意大利芝士上，吃的时候取适量的芝士和吞拿鱼杂抹在饼干上，可以用来佐酒。但这个菜不是每个人都接受得了。看到这道菜，我招呼身旁的羡妮和林莉赶快尝尝。"咸咸的，有点像腐乳的味道。"林莉说。其实，这道菜是师傅成功的创新之作。日本菜也要不断地创新，不过要创新，基本功是很重要的。厨师做菜如此，做人也应如此。

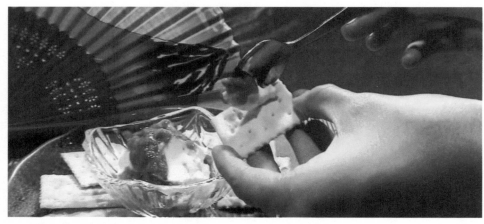

芝士伴吞拿鱼杂

既然来到日本餐厅，当然不会只吃一个菜，好戏还在后头：

接下来上的是羊角豆和鲭鱼棒寿司。羊角豆经常用来炒咖喱，这样豆子可以把汤汁完全吸收，吃起来好像另类的鱼子酱。而鲭鱼棒寿司上面加了磨成丝的昆布，直接用手拿着吃，真是畅快。不过因为鱼是腌制过的，所以吃着有点咸。

这餐的重头戏是牡丹虾刺身。在日本，小虾叫甜虾，大虾叫牡丹虾，那种紫色更大一些的虾叫紫虾。紫虾很少见，所以今天品尝的是牡丹虾。说到吃虾，羡妮也分享了自己的心得："前段时间我回了加拿大，刚好遇到吃虾的好时机。我就买了很多虾，每晚都吃，用虾头、西红柿、豆腐、香菜放在一起煮汤，味道很鲜美！"

日式炒面

蔡澜食单•日本菜

芝士伴吞拿鱼杂
羊角豆炒咖喱
鲭鱼棒寿司
牡丹虾刺身
日式炒面

牡丹虾刺身

最后，我们品尝的是这里的日式炒面。香港很流行吃拉面，但如果在日本住久了，你会欣赏到另一种面——日式炒面。正宗的日式炒面做法是：用少许椰菜、肉和面一起炒，加入日式炒面汁调味，最后在上面放点紫菜丝。味道酸咸，很容易吃"上瘾"。

这家餐厅的老板伊藤胜浩为什么会在香港开这家店呢？18年前，伊藤先生来到香港，爱上了这里，从此便留在了这里，以后也不打算回日本了。

看来香港真是个钟灵毓秀的地方，不然，怎么会有那么多日本人"直把他乡作故乡"呢？

【清酒】

日本清酒文化源远流长。这次，我们要到的地方是日本清酒文化交流会。会馆的环境，清雅别致，是一个谈天说地的好地方。

日本酒很多，但何会长认为喜欢一种酒不要过于注重它的背景，就像交朋友一样，并为我介绍了从日本来的清酒酿造师礒见邦博先生。

坐在酒桌旁，何先生拿起酒瓶，为礒见先生倒酒；然后礒见接过酒瓶，为何先生斟酒。原来，日本人喝酒时，不能为自己斟酒，要别人斟，这是喝清酒的一种习惯。

说到喝酒，羡妮问："在日本电视剧里，经常看到日本男人下班后就去喝酒，这也是一种文化吗？我听说，日本人认为下班就回家的男人是没有出息的，是这样吗？"其实，日本男人下班就去喝酒是有政府政策的原因。因为，日本税收政策规定交际费是不纳税的。而对于后一个问题，那是因为如果主管让你拿交际费的单据来报销时，你却没有，那么主管就会认为你没有努力工作，把心思都放在了家里。

何先生介绍清酒。

日本清酒的酒精浓度一般都不高，礒见说现在的清酒，酒精浓度是17%。何会长告诉我们："日本清酒是用米酒酿造的，没有经过蒸馏过程，它的度数一般都在20%以下。清酒源自中国的黄酒，两者都是用米酿造的。但与黄酒不同的是，清酒酿造过程中加入了磨米的工序，磨完米后清酒只剩下原来的40%。因为，磨米过程中，去掉了妨碍酒发酵的杂质，比如米表面的脂肪等。"

　　尽管是用米酿造，但是现在的清酒还出品了水果味的，比如葡萄味，只是这样反而米香的味道减少了。对于这样的变化，有些人十分喜欢，但我还是更喜欢原味的清酒。

　　在日本菜的餐桌上，总少不了清酒的身影，尤其是吃刺身，许多人认为吃刺身喝清酒可以杀菌。果真如此吗？我们特别请教了来自日本的礒见先生，但礒见先生说吃刺身喝清酒是为了用清酒减少鱼腥味，令刺身更美味。原来并不是因为杀菌。不过，酌酒又何必在意它是否有什么功用呢！还是应该美酒当前须尽欢吧。

"酒林"饰物

妈妈的味道

这么多菜式里，你最喜欢什么菜呢？我去了那么多地方、吃了这么多美食后，发现最好吃的还是妈妈做的菜。所以，这一章是我拜访四个家庭后，总结出四位妈妈煮的家乡菜食谱（福建菜、潮州菜、上海菜和广东菜）。

【福建薄饼】

　　每次听到别人说是福建人，我就会问他们家做不做福建薄饼。今天，要拜访的这家福建家庭，就打算以福建薄饼招待客人。不过，去之前，我们要先到北角春秧街菜市场买点特别的食材。

　　这个菜市场很特别，市场中间的街道有电车经过，而且这里的摊档，都把钱放在一个悬空吊着的簸箕里，簸箕下还挂个铃铛，很怀旧。香港有那么多菜市场，为什么一定要到春秧街菜市场呢？原来，春秧街菜市场是福建菜食材最多的菜市场，来这里买菜的福建人最多。

　　福建人喜欢吃海鲜，所以市场上当然少不了各种海产品，而且价格也很便宜。有些鱼才二三十元，用来做酸酸辣辣的福建菜再适合不过了。如果用贵价鱼做酸辣的菜，酸辣味盖过鱼的鲜味，岂不是把鱼浪费了？

春秧街菜市场

酱黄瓜

做福建薄饼的馅料和配料

　　我喜欢逛菜市场，这次一路带着林莉和芸慧穿梭于各种摊档，滔滔不绝地向二人介绍摆卖的各式材料：

　　"看，有好多不同种类的蔬菜。现在我们吃的菜心、芥蓝都产自北京，但也有不少产自福建的蔬菜。这里还有海带。日本人很喜欢吃海带，但是最先开始食用海带的是中国人。海带旁边有浸泡好的海参。日本人不懂得吃海参，但中国人挺喜欢吃海参的。这里还有猪血，新加坡现在不允许吃猪血了，我也很久没吃过猪血了。"

　　"看，这些是典型的福建小吃。这个是血肠，在猪肠里灌血而成，可以直接蒸熟了吃，也可以切片煎了吃……"

　　逛了那么久，最后我们到专卖福建食材的杂货铺买下了海苔。这种海苔是一种依附在岩石上的海产品，是做福建薄饼必不可少的原料，可称作福建薄饼的灵魂。

福建薄饼最主要的馅料

买完海苔，我和林莉、芸慧就来到了吴太太家里。吴太太是福建人，丈夫吴先生是电影界的前辈。尝了那么多福建薄饼，还是觉得吴太太做的最好吃。吴太太说做福建薄饼的手艺是她祖母传授的："现在都没有人可传授了。女儿也不懂得做。我经常做薄饼，儿女们都嫌我做得太多，吃怕了。"

吴太太为了这顿美食，提早三天开始准备，可见做这道菜得花不少时间。做福建薄饼，饼皮很重要，而且饼皮绝对不可以隔夜，因为隔夜的饼皮会变硬的。首先，吴太太把准备好的饼皮摊开，然后在饼皮上涂一点辣椒酱和甜酱，我们也各拿了一块饼皮，照做。

饼皮涂好酱料后，首先要放厦门海苔。厦门海苔，要事先放到锅里用慢火烘香，待烘得差不多了，加一点糖。尤其要注意的是，烘的过程火不能太大，否则就会烧焦。而且，一定要用厦门海苔才好吃，用日本紫菜是代替不了的。放了海苔后，接着就放蛋丝、豆芽，之后再放鱼。"今天我准备的是鲛鱼。"说着，吴太太舀起一点鱼，放到薄饼里，然后又舀了一勺花生酥，接着说道："再放点花生酥，喜欢吃花生酥的不妨多放点。"

接下来，就要放薄饼最重要的馅料了。这个馅料才是整个饼的主角，里面有很多材料，最主要的成分是冬笋。馅料的做法是：先把冬笋刨成丝，放在锅里煮大约6个小时，因为笋比较难入味，所以要煮久一点。然后加入豆干丝，再煮1个小时，剩下的蔬菜在最后半个小时放进去。这个馅料的味道主要靠虾头和大地鱼的鲜味体现，所以汤的味道会很甜的。吴太太说："把馅料放到饼皮上时，要尽量选择干的馅料。"放馅料的原则是越干越好，先干后湿，这是秘诀。

馅料放好后，就可以把饼皮像包包裹一样卷起来，然后竖着拿着吃，吃的时候，还可以加些酱汁，用勺子灌到饼里，一灌下去就马上咬。这样一道福建薄饼就做好了。

蔡先生和吴太太

在东南亚的一些地方，路边也卖这样的薄饼，包好后用刀切成四块，可以一口吃一块。台湾也有，不过他们不叫薄饼，叫润饼。

做好后，我忍不住先咬了一口，又甜、又咸、又辣，味道可谓丰富多层次，小时候的回忆一下子全回来了。

吃福建薄饼吃得津津有味的蔡先生

吴太太教林莉烘海苔。

在新加坡，以前我家隔壁住的是一户福建人家，主人和我爸爸关系很好，他们家有个女儿。主人总说以后把女儿嫁给我，然后经常叫我去他家玩，还教我说福建话，所以我经常能吃到薄饼。长大了，我就跑了，没有娶他的女儿。这么说，我是对不起福建人的。

吃完福建薄饼，我们又吃了吴太太准备的粥，伴着麻油咸鱼粒、酱瓜一起吃，简简单单却美味之极。

这一顿吃了薄饼，又吃了粥，再喝口茶，是完美的一餐。

【潮州家常菜】

我们和羡妮、林莉来到潮州家庭麦太太家。儿子麦伟贤告诉大家，今天的菜式都是妈妈的妈妈传给妈妈的，以后就变成儿子传给儿子了。

辛勤的麦太太，有着潮州主妇的贤惠，虽看上去已年过半百，但依然做事利索。今天，麦太太说自己准备潮州家庭的"土产"，有蚝煎、猪肠灌糯米、焗银虾仔等。我自己也是潮州人，见到一桌的潮州家庭菜，倍感亲切。

蚝煎是潮州家庭饭桌上常见的菜式，但是每个家庭的蚝煎都不一样，麦太太家是比较少有的不加鸡蛋，只用番薯粉和蚝做的。吃蚝煎当然少不了鱼露，麦太太还在鱼露里放了胡椒。

焗银虾仔，小虾是在菜市场买的，很便宜，一篮子10多元。把小虾焗熟，或者用盐水煮一煮，就是一道不错的家常小菜。

猪肠灌糯米是典型的潮州菜，蘸着甜酱吃，十分具地方风味。同为潮州人的林莉说自己虽为潮州人，但还是第一次见这道菜。麦太太介绍道，现在很少人做这个菜了，她自己一个人也做不了，要孩子们帮忙一起做。其实，一家人一起做一个菜，既温馨，也能表达对妈妈的心意。中国人不会直接地说："妈妈，我爱你！"学一道妈妈爱吃的菜，并煮给妈妈吃，妈妈就明白了。而且，在麦太太看来，这种心意比买礼物送给她更让她高兴。

潮州家庭

粥是潮州人正餐的重要主食。今天，麦太太同时准备了饭和粥两种主食。在潮州家庭吃粥，我说要是能有一道拜神肉就好了。听我这么一说，麦太太想起家里还有块拜神肉，于是立即起来去把它拿到厨房。其实，拜神肉是几乎每个潮州妈妈都会做的一道菜。将用来酬神的猪肉切薄片，加鱼露煎至外表金黄，很美味。

闲话间，大家聊起潮州男人的大男人主义。坐在我身旁的麦伟贤说以前哥哥和自己都会帮妈妈做家务。"帮女人的男人是大男人。"我夸奖他们。此时麦太太捧着一锅菜走出来，边走边说："你们都觉得省吃俭用的妈妈是最好的妈妈。今天我就省吃俭用，弄个一样两吃的，你们尝尝这个咸菜猪肠！"持家有道的麦太太利用灌糯米剩下的猪肠熬咸菜，又做了一道菜，果然是精打细算，一点都不浪费。

最后，麦太太又从厨房里捧出一碟香煎拜神肉。我一吃就能吃出麦太太是把肥肉的部分拿去炸猪油了，然后再用猪油煎猪肉，所以碟里还有一些猪油渣。所谓猪油渣，是用肥猪肉炸猪油后剩下的固体硬块，吃起来十分香脆。

拜神肉真是潮州菜式里最好吃的菜。

蔡澜食单·潮州菜
蚝煎 焗银虾仔 猪肠灌糯米 猪肠熬咸菜 香煎拜神肉 粥（主食） 米饭（主食）

潮州家庭的自制咸菜

【浓油赤酱上海菜】

每次吃上海菜，我一定会从烤麸开始。这次也不例外。

烤麸是最普遍的上海家庭小菜，烤麸是面筋，它通常都是一大块，做的时候一定要用手撕开。如果用刀切，就不正宗了。上海主妇张太太说面筋买回来后，还要慢慢炸，之后再焖至入味，要花不少功夫。

一桌的菜，看着就让人垂涎三尺。我转动桌上的转盘，一一向大家介绍：

这个是冬菇焖芥菜，现在上海餐厅里很少有这个菜，是不容易吃到的一道菜。

还有葱烤鲫鱼。每个上海家庭做的葱烤鲫鱼都不一样，最好的是有鱼卵的。没有鱼卵的葱烤鲫鱼，可以放在冰箱里稍微冰一下再吃，葱和鲫鱼都很好吃。

这道是素鹅。我一向都反对把素菜做得像肉菜一样，但这个菜做得非常有水平，这样看着觉得和潮州的卤水鹅没区别。

还有塔菜冬笋。塔菜是浙江人爱吃的一种蔬菜，长得像椰菜，是被雪压扁了的、扁扁的椰菜。

桌上最引人注目的要数虾脑豆腐。张太太说，做虾脑豆腐，要先用猪油爆炒虾脑，然后放入碗中备用。把豆腐表面的皮去掉，这样是为了使豆腐吃起来更滑；把豆腐放锅里爆炒，然后加入爆炒过的虾脑。这道菜看起来颜色好像麻婆豆腐，吃下去才知道原来完全不同，一点都不辣。

红烧元蹄

吃过虾脑豆腐，羡妮说要尝尝那道红烧元蹄。女人不仅要吃元蹄，平时也要吃点肥肉，光吃瘦肉脸色会越来越枯干。这道菜，味道控制得刚刚好，不会太甜，我是肥瘦通吃。

吃完元蹄，大家又尝了一下桌上的五香牛腱。这道菜倒是让我想起了之前在中环一家餐厅吃过的200多元的牛肉面。

我一向喜欢吃上海菜，不过现在即使是到上海餐馆，也难以吃到正宗浓油赤酱的上海菜。何谓浓油赤酱？是指上海菜的做法中，用大量的猪油、酱油，做出来的菜颜色较深。浓油赤酱是上海菜最大的特色，但是短短几十年，在健康饮食的倡导下被改变了，现在越来越难吃到正宗的上海菜了。

上海家庭张太太做烤麸。

蔡澜食单·上海菜

烤麸
冬菇焖芥菜
葱烤鲫鱼
素鹅
塔菜冬笋
虾脑豆腐
红烧元蹄
五香牛腱

塔菜

上海家庭

【广东菜】

　　这次追寻妈妈的味道的最后一站是广东家庭。让我们感到意外的是，这次的主妇是一位年轻的广东妈妈。虽然年轻，但我看到9岁的弟弟庾炜诺和11岁的姐姐庾卉澄两人都乖巧懂事，就知道这位妈妈持家有道。

　　庾太太告诉我们，她很爱吃广东菜。"从十几岁开始，妈妈就教我做菜。一直到现在，我是既爱吃，又喜欢研究，一直不断地在学习。"今天庾太太做的菜，有些是跟妈妈学的，有些是自己研究出来的。一桌简单的家常菜，有汤有肉有鱼还有鸡翅，虽说不上盛宴，但吃的人就会知道主妇的用心良苦。我对两位小朋友说："以后你到国外读书，会很想念妈妈做的这些菜的。"

蔡先生选牛肉。

蔡先生买南姜蓉。

蔡先生教嘉容选萝卜。

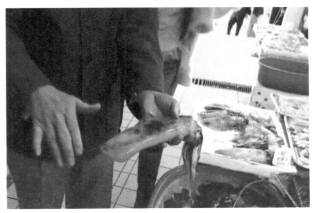

蔡先生示范摸墨鱼，墨鱼鱼身会变色。

　　庾炜诺说他最喜欢吃妈妈做的土鱿蒸肉饼，而姐姐就喜欢吃妈妈做的蜜饯火腿酿鸡翅。这道香甜可口的蜜饯火腿酿鸡翅，做法虽然不难，只要把鸡翅去骨，然后酿进西芹、萝卜、火腿和紫心番薯就可以了，说起花功夫，还数粉葛鲮鱼赤小豆汤。

　　老火汤是广东家庭的餐桌上一定会有的。这道味道鲜甜、原汁原味，甚至连盐也放得很少的粉葛鲮鱼赤小豆汤，花了庾太太四五个钟头。做法是先把猪骨头放在锅里熬半个小时，再放粉葛、赤小豆熬两个小时，最后放鲮鱼熬将近两个小时就可以了。庾太太说，四五个小时里，自己都不敢走开，生怕汤烧焦了。

　　妈妈做的菜，每一道都充满了浓浓的爱心。四五个小时煲出的汤，汇集了妈妈四五个小时的爱和心血，喝到心里怎会不甜？

广东家庭

除了妈妈做的菜，跟朋友一起做的菜也很好吃。

蔡澜食单•自制大餐

干贝萝卜炖汤
扣肉油焖笋
白酒煮大蚬
苦瓜炒苦瓜
普宁豆酱焖烧腩
虾酱仁稔蒸五花腩
清酒灼和牛
咸鱼酱蒸豆腐
白灼番薯苗拌猪油
瓜仔鸡锅
酒煮喜知次
红萝卜焖牛腩
公鱼仔花蘿菜滚汤
海龙皇汤

蔡澜品味宴

乾貝蘿蔔燉湯
扣肉油燜筍
白酒煮大蜆
苦瓜炒苦瓜
普寧豆醬燜燒腩
蝦醬仁稔蒸五花腩
清酒灼和牛
鹹魚醬蒸豆腐
白灼番薯苗拌豬油
瓜仔雞鍋
酒煮喜知次
紅蘿蔔燜牛腩
公魚仔花蘿菜滾湯
海龍皇湯

苦瓜炒苦瓜
1.把苦瓜切块，用水煮一煮，滤清水；
2.放到锅里，加入一点自制猪油，再加没有汆水的苦瓜片一起炒；
3.加鱼露、威士忌和糖。

清酒灼和牛
1.先将锅里的水煮开，然后往里面加入日本酱油（日本酱油煮了也不会酸）；
2.再加南姜蓉，随后加些日本清酒；
3.待锅中水再煮开，放入牛肉，烫熟。

虾酱仁稔蒸五花腩
在猪肉里加入马湾虾酱，用手将其与猪肉搅拌均匀，然后加入仁稔、
冬菜，放到锅里蒸。

扣肉油焖笋
用罐头扣肉，加上罐头油焖笋一起炒，什么调味料都不用加。

干贝萝卜炖汤
将大粒的干贝垫在锅底，然后放进切块的萝卜，加水炖2个小时。
这是一道绝对不会失败的菜。

海龙皇汤
把鱼、虾、蟹、墨鱼分别煎一煎，然后放到锅里和豆腐一起煮，
最后加入大芥菜。
特别提醒：洗蟹的时候，要用水牙线，这样既方便洗又能洗干净。

试吃喜知次

宽街窄巷的市井生活

　　香港是一个非常有趣的地方，除了有很多吃喝的地方，还有很多很有特色的商店。我在香港生活了几十年，知道一些好去处，希望藉此机会，向大家介绍一些很有趣的人和店铺，品味香港的地道市井生活。

【闹市中的菜市场】

　　如果被告知在时尚的中环也有菜市场，估计没有多少人会相信。所以当郭羡妮站在中环的菜市场门前，她非常吃惊，并讲述着自己小时候跟妈妈一起逛菜市场的回忆。由于地区的发展需要，菜市场已越来越少，今天，我要带郭羡妮到中环的一个有100多年历史的菜市场怀旧。

　　我最喜欢菜市场里的气氛，光顾菜市场的买家，与店家彼此熟悉，大家像朋友一样，很开心。除了浓浓的人情味，这个拥有超过100年历史的菜市场还有许多传统的店铺。

菜市场

蔡先生夹着酸笋。

蔡先生和郭羡妮二人拿着酱料店的老酱油。

　　在这个菜市场中有一家自己十分喜欢的店铺。这家酱料店售卖各式酱料，最吸引我的当数这里浓稠而香醇的老酱油，倒到杯中，还像红酒一样"挂杯"。

　　除了闻名的老酱油，在这家酱料店还可以找到很多做怀旧菜式的食材。店里有一个个的玻璃罐，有甜瓜英，这些是茶瓜，现在已经很少看到这些了；有增城榄角，增城产的榄角是最好的；还有酸笋，用来焖五花腩、肥猪肉，味道绝美。

【界限街金鱼市场
——不买也看看咯！】

　　每天天还没亮，香港界限街的金鱼市场已经是人声鼎沸了。

　　一大早我就与郭羡妮、林莉来到金鱼市场。每次来我都会准备一个手电筒，以仔细观察各式金鱼。用电筒照一照，原来这一条黑色金鱼就是品种名贵的鱼——黑兰寿！

　　这里的金鱼市场，除了刮八级台风，卖鱼的商家每天都如期而至，一些金鱼卖家甚至一早从元朗出发，凌晨四点就开始做生意。那些爱鱼之人也是一早就来看鱼。在旺角的通菜街没成为"金鱼街"前，爱鱼之人大多都会到这里来。虽然来买鱼的人不少，但老板说每天平均的营业额也就2000港币，还要扣除各种成本。

金鱼市场看金鱼——五彩兰寿

香港人很会给鱼取名字，像这个袋子里金黄色的鱼被叫做"满地金"。这一大袋才卖60元，价格实惠。而这种黑色的鱼是"黑摩利"，一般地，人们都买5条以上。因为，香港人认为"黑摩利"死了是可以挡灾的。玩金鱼也不一定要花太多钱。老板还介绍了摊档最贵的鱼——五彩兰寿，在灯光下，它的鳞片会闪闪发亮。

　　除了各种金鱼，金鱼市场里还有不少养鱼用品，其中一个就是红虫了。说起红虫，想起了一件有趣的事：倪匡有一个外国女婿，曾问他这些虫是用来做什么用的。倪匡回答："我们请你吃饭时，在给你做的菜里边，都会放几条的。"

　　说到养鱼，其实不少人都和羡妮的想法一样，怕自己不会养鱼，而鱼死了又很伤心，所以不养鱼。我也十分赞同，所以，虽然喜欢，也没在家里养。自己都是去欣赏别人养的鱼，或者是像现在这样到金鱼市场来看看。

【花墟道——芬芳满布的鲜花聚集地】

香港的花墟道，聚集了许多花店。这里鲜花遍布，可以享受到赏花的乐趣。

路旁摆卖的白兰花是我很喜欢的花，我觉得白兰花应该是香港的区花。因为，无论花香和花姿，紫荆花都不及白兰花。以前香港有很多白兰树，一棵树就能开很多白兰花！但是现在已经越来越少了。

这些花档中，有一种外形很像人手的植物，叫"佛手瓜"，人们在拜神的时候会用到它。其实，佛手瓜还可以做食物，如和猪腱、南北杏、蜜枣一起煲汤。而一盆盆长相奇怪的捕虫草也很吸引人。如果苍蝇飞进去，它的叶子就会合起来，把苍蝇吃掉，堪称是捕虫高手！但是如果你把手放进去一天，它也会毫不留情地把你半个手指"消化掉"。

花墟吃莲子

在花店外见到姜花。姜花是夏季的时令花，也是我喜爱的花。因为它散发着宜人的芳香。但是令人十分惋惜的是，现在大量人工种植，并且还用药物促使它快速生长，所以现在的姜花闻起来没有以前的清香了。

说起最近的时令花，郭羡妮注意到最近市场上有很多莲蓬，花里的莲子是可以直接吃的。未除莲心的莲子，吃着会十分苦，但像我吃过很多苦的人是不会觉得苦的。

捕虫草

听到我说的这么多，郭羡妮称赞我是懂花之人。年龄大了，什么都略知一二，看到感兴趣的东西，就向人请教，日积月累，就变得有"学问"了。

花墟道除了有各式的鲜花，还有一些很特别的店铺。其中有一家很新潮的店——"八度冷冻花房"，里面的花都是从荷兰进口的，有开着粉红色小花的"小牡丹"，还有开着粉紫色大花的"大牡丹"，各式各样。牡丹的花蕾现在还不大，但它会越开越大，等到盛开时，最大的花朵像球那么大。有一次，我和丁雄泉先生的儿子一起把花瓣摘下来数，那种像球那么大的花，花瓣竟然有两百多片。

不少人认为买花赏花是一个需要花钱的爱好。据说，苏州有一男子，穷得一无所有，但他从池塘里取些浮萍放到茶杯里，看着它们一天一天长大，他很是开心！明白这种心境，就会明白养花的乐趣了。

【广东道玉石玉器市场
——受人称道的香港玉石制造】

　　油麻地广东道一带，是玉石爱好者的寻宝乐园。如果你不大熟悉玉器，可以从广东道的玉器市场开始，这里的玉器琳琅满目。不过，面对玉器市场各式精美的玉器，没有火眼金睛是难辨真伪的。除了玉器市场，玉器街更是吸引了不少人来寻宝。每天早上，很多人，有大量采购的，也有挑选单件的，都聚集于此挑选各自的"心头好"。而买家和卖家议价时，通常是通过惯用手势谈价钱。但他们都会遮住手势，直至成交为止。

翡翠耳环

　　玉器街上，树立着一大块玉石。它是一整块大玉石中的一半，有三吨重。玉是藏在石头里面的。一块石头，仅看外表你是很难知道里面的宝藏，必须切割以后才能知道。而且，常言道"玉不琢不成器"。传统雕琢玉器的方法是，用脚不断地踩踏磨刀，对玉石进行切割和琢磨。在这种精雕细琢中，一件玉器诞生了。可惜，懂得这种传统方法的师傅，已经越来越少了。

要看好的玉石玉器，还是要到香港玉器商会。商会的主席邓锦雄先生介绍说，近几十年，所有玉器产品都是香港制造的。所以，在缅甸时，当地人也让我回香港买，因为这里出产的都是原石。

邓先生拿出几件好的玉石，其中一块颜色很漂亮，很通透。邓先生介绍说这块玉的颜色很深，能够有这样的水分，也就是说光度这么美，是很难得的一块美玉。说到玉的颜色，玉戴在身上，是会越戴越漂亮的。那是因为经常佩戴在人身上的玉吸收了人的灵气。

玉石旁边的一副翡翠耳环吸引了众人的眼光，它无论是颜色和透明度都很好，最难得的是玉石师傅能够做出两个小孔，价格更是不菲，要600万港元。但价格只是一方面，玉的价值才是最重要的，钱可以不断被印制，但是一块好的玉却非常难得，可能就仅此一块。

中国人认为玉是君子的化身和代表，是纯洁之物，成为美德的代名词，所以喜欢以玉赠送。

除了精雕细琢成为各式精美玉器首饰之外，玉石在玉器师傅的丰富想象力和深厚的雕琢功夫下，还能成为各式"好玩"的玉石。商会中也陈列着形状和颜色各异的玉石，有鲍鱼形状，还有蘑菇、海参、肥猪肉、珧柱等形状的。这些好玩的玉石都是师傅利用原石天然的颜色做的。天然的玉石原石，除了皮壳之外，还有一层东西，缅甸人称作"壶"。这层"壶"有各种不同的颜色，红、黄、白等等。而黄色的"壶"，整体素质最好。因此，只要发挥创作力，再配以精雕细琢，一块简单的玉石也能成为栩栩如生的各式造型。

融入了玉器师傅智慧的这些好玩的玉石，当然是价格不菲，每件都要五六十万。时代不同，人们对钱的看法也不一样。以前，经济不发达，人们收入低，1毛钱都是很有用的，会觉得花1元买东西好贵！现在呢，经济发达了，人们的收入高了，会觉得花10元买东西好便宜，100元乃至1000元花着也不会太心疼。当人很有钱的时候，会觉得花1万元买东西是很正常的。那些财富达上亿元的商人，他们对钱的看法跟我们就完全不一样。钱怎么花，有什么样的消费观念，那是自己的选择。

总之，只要负担得起，又开心，就买！

玉器市场

【老实公司
——最幸福的香港老牌杂货店】

香港是个藏龙卧虎的地方，总是在不经意间给人意外惊喜。这家开在路边的"老实公司"就是如此。"老实公司"，店如其名，老板以诚信为最大原则经营着这间杂货店，甚至连店内所售的金饰都明确指出它们都是"朱义盛①"。

我喜欢这里，不仅是因为"老实公司"的老实，还因为这里有刨花油。刨花油是天然的造型泡沫，是中国伟大的发明。制作刨花油主要的材料是刨花，它是木头刨出来的木碎，是楠树的一种。老板莫锦松先生介绍说刨花如果泡水，就会产生粘液；但泡油的话，粘液就会少点。

老实公司老板介绍刨花油。

制作刨花油很简单，只要把刨花泡在油里即可。店铺里一个个玻璃瓶子装着的就是自己制作的各式刨花油，其中一些还飘着香味。不过为人老实的莫先生说："这些香味都是添加了香料的！"老板如此诚实地回答，可见果然是"老实公司"！也不保守秘方。用刨花油，头发可以比较服帖、乌润。而且，这些健康的造型泡沫还十分便宜，只需要六元一两，可以选择散卖的，或是买三两一瓶包装好的。

我不仅自己使用刨花油，还要大力推荐人们使用这些最健康、最原始的造型泡沫呢。要向年轻人推荐尤其是向喜欢摆弄头发的、赶时髦的年轻人推荐使用这种刨花油。

看到老板和老板娘都这么随性地经营着老实公司，郭羡妮忍不住说："老板娘，我觉得你很开心、很幸福！因为，你可以随性地、没有压力地做生意。"的确，老板与老板娘早已过了不惑之年，他们的孩子也已自力更生，而且店铺是自己的，不用担心高昂的租金，因此二老幸福开心地经营着杂货店。所以，做生意更是十分随性，喜欢就多做一点，不喜欢就少做一点。尽管老板和老板娘一再地说老实公司是杂货店，但我却认为这里是宝藏。

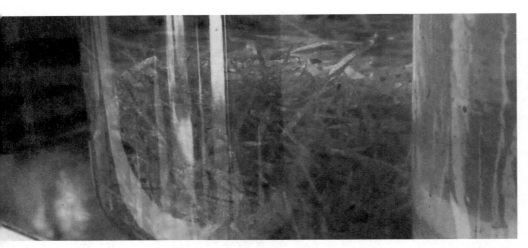

老实公司刨花油

注释①

朱义盛，广州俚语，意为镀金（银）首饰。一百多年前，在广州状元坊，有间首饰铺名叫"朱义盛"，店里出品的镀金首饰，虽然是镀金，但是同真金一样不会变色，几乎可以乱真，而价钱又不贵，所以深得大众欢迎，现在引申为假冒的、假的首饰。

【应有尽有的永安号】

在油尖旺的一些街道是有主题的，上海街就是众多有主题的街道之一，这里是专门卖饮食器具的，例如砧板、炉具和刀等。但是，如果想在一家店买到需要的所有餐厨器具，就可以来"永安号"。它有四间连着的店铺，里面售卖各式餐厨用品。

站在永安号的门口，羡妮指着各式的小板凳说："蔡先生，你看这些小板凳，是我小时候经常坐的那种，现在家里也还有。"接着她拿起一张特别矮的，问道："这张这么矮，也是凳子吗？"其实这也是凳子！不过它是脚凳，是专门给老人家打麻将时放脚用的。

我则对传统的蒸笼感兴趣。只见大大小小的蒸笼摆放在货架上，最小的蒸笼大小刚好能放下一个烧卖，十分可爱。除了像蒸笼这样的小东西，这里还有制作烧鸡蛋仔、窝夫、蛋卷等点心的器具，有了它们，我就可以开家小店谋生了！

蔡先生在永安号，打开做烧鸡蛋仔的器具。

随着日本餐厅在香港越开越多，许多餐厨用品店都售卖日本餐厅用的东西，永安号也不例外。店里挂着的门帘是挂在日式餐厅门口的门帘。正宗的日本餐厅都会用门帘的。如果卷起门帘，就意味着餐厅"休息"；放下，则是餐厅在"营业中"。

餐厨用具店店主冯子均先生还特意推介了一些特别的东西。他打开一张像凳子一样的东西，说："看，这个是打麻将时放筹码用的。"接着又拿起一个木盘子，说："这种木盘子是盛刺身的，是在日本餐厅的用具。"

餐具上有一层亮漆，这可不原汁原味。正宗的日本餐厅绝不会用这样的餐具。冯先生忙解释道他们涂亮漆也是经过一番考虑的，因为服务生沾了油的手一旦碰到盘子，没有亮漆保护的盘子会马上吸收他们手上的油，因而会留下洗不掉的指印，客人看到会很不喜欢。其实，我赞同日本餐具在中国生产。不仅价格便宜，而且做工也精细。但无论如何，还是要尊重和保持原有的风格。

这里餐厨器具真是应有尽有。此外，他们还可以设计定制特殊厨具。之前自己一直想找妈妈炖鸡精用的锅，但找了很多地方都没找到。最近自己设计了一个，让他们帮忙做出来了。

永安号里各式日式餐厅用品

蔡先生设计的用于炖鸡精的锅

蔡氏鸡精

现吃的鸡精总是出问题。所以，我要教大家自己炖鸡精。

在小的时候，妈妈每天都会炖鸡精给我吃。妈妈那时用的锅是搪瓷的，但不耐用。现在很难买到了，所以自己就设计了一个。

眼前的这个不锈钢锅，就是我与生产商几经磋商后做出来的。这个锅，从上到下共有三层，最上面的一层是蒸锅。如果炖鸡精，主要用到第二和第三层。炖鸡精，首先要将鸡斩块，然后把一只碗反过来盖在第二层锅中间，在碗背的周围和上面放入鸡块，在锅的第三层加水，炖4个小时即可。但是在炖的过程中，要随时注意不要煮干锅中的水。

虽然炖鸡精并不难，但是在炖的4个小时中，要时刻注意，稍不留神就会失败。所以，我说小时候吃的鸡精，是充满了妈妈爱心的！

蒸好后，掀开锅盖，先把鸡一块块夹出来，只见鸡夹出来后，第二层的锅中一点水分也没有；然后再把盖着的碗掀开，原来鸡精都被碗盖住了。把鸡精倒入碗中，蔡氏鸡精就大功告成了。

【平民化的旺角花园街】

旺角花园街的平民化摊档，吸引了不少人前来寻宝。无论便宜还是贵的商品都有。

这里的东西大都很便宜，我喜欢逛这些地方。其实，这才是大多数香港人的真实生活。这里有吃、穿、玩的各式东西，不少游客都会到这里逛逛。在高级时装店看过上万元的围巾，来到花园街竟然见到一条13元、两条25元的围巾，真是丰俭由人。

"蔡先生，你看，那件红色的外套只要30元。"朱璇说。穿牛仔裤，T恤，再配上这件外套，就是活脱脱一个占士甸（James Dean，20世纪40～50年代美国电影演员）了。

凯敏也表示逛这条街觉得很亲切。不过，逛的时候要注意自己的随身物品。

这里有很多摊档，摆卖各式水果和小吃。如蛇皮果，因它的外皮很像蛇皮而得名，剥皮就可以直接吃了。这个是黑葡萄，选的时候注意标签上的编号，编号越接近"#4038"越甜。这包是"#4056"，很甜的！这里还有正宗沙糖桔。

在这个卖榴莲的水果摊上，曾经发生过一件有趣的事。当时，很多人围在这里买榴莲，8个意大利游客对此十分好奇，就上前探个究竟。谁知榴莲一打开，其中5个人因榴莲味道而被臭晕了！

这个是菠萝蜜（又称作大树菠萝）。香港人喜欢吃它的肉，东南亚一带的人则喜欢将它的核放到盐水里煮着吃。

这家店则是专门卖小吃的，都是地道的香港小吃。这家店的花生最好吃，有甜的、有咸的，我最爱这里的花生！

一路走来，各种的吃、穿、玩的事物，真的让人看花了眼。逛完花园街，大家都觉得出入高级场所可以是享受，融入市井生活也一样乐在其中，雅俗共赏，生活可以更有趣味。

旺角花园街里琳琅满目的围巾

【庙街的"神算子"】

苍劲的老榕树和古旧的建筑物，不仅见证着时代的变迁，也凸显着现代都市的独有魅力。一到晚上，香港庙街就会热闹非凡，无论是游客还是本地人，都会慕名而来。

逛逛越夜越精彩的庙街，看看琳琅满目的商品，不仅有各式新奇有趣的事物，还可以占卜星相呢。在庙街里有不少有特色的看相摊档和店铺，许多人会在这儿找位"高人"指点迷津。

今天，我背后就拉起了"蔡澜批命"的招牌，要在这里为大家算命。

我仔细看了看羡妮，依葫芦画瓢地说道："羡妮，你的命比较苦。尽管你是演员，却没有经过正统演员培训班的培训，只能靠自己一点一滴地从生活中体会。现在，我觉得你演戏越来越好，看来体现出成果了。"林莉见状，也伸出手掌让我看看，我看了看说："林莉，你少了一根筋！不是说你笨，是说你命好。你不计较琐事，所以就没有烦恼，活得很开心。"

其实，看相算命很大程度是依据古人的经验。古人看人看得多了，把经验总结并流传下来，其中不乏迷信、骗人的玩意儿，但有一些经验也是有道理的。我活到这把年纪，也是阅人无数了，所以当然也略懂一二！看人，第一要判断是好人还是坏人。小气、打麻将时发脾气的人，不能算是好人；为人乐观开朗、经常开怀大笑的人，一定不差。所以，我们要多结交好人，接收他们发射的"正能量"。

"蔡澜批命"

PETE' FASHIONS
TAILOR & OPTICAL
57, PEKING ROAD, 3/FL
Amigo
JEWELRY
Jade Market
Amigo JEWELRY
Jade Market
THE SPAGHETTI HOUSE
CHANGE
CHEQUEPOINT
CHANGE CAMBIO

新界离岛行

新界位于香港地区的北部，是香港三大分区之一。这次新界离岛之行，我要带领大家到上水、屯门和长洲体验独特的离岛风光和经典美食。

【石湖天光墟
——各得其"利"的农产品零售站】

"一日之计在于晨。"一大早我就约上羡妮和林莉去上水石湖墟农产品零售站，带两位见识一下"天光墟"。每天天还没亮，村民们就带上自己生产的农产品或捕获的水产品，聚集在农产品零售站进行交换，以帮补生计。"天光墟"的大门一开，大家就将带来的货品分门别类，摆得井井有条，以方便顾客挑选，并且希望能多卖些产品。

每天早晨，这里热闹非凡，顾客也能买到便宜新鲜的食材。羡妮和林莉都是第一次见识这个大型的、位于上水的天光墟，而我虽然对天光墟并不陌生，但仍对村民摆卖的各式产品十分感兴趣。

这里有新鲜的霸王花、石榴，和新界本地的柿子，我很喜欢吃熟透的本地柿，撕掉薄薄的外皮，可以整个吞下去。

石湖天光墟

蔡先生三人游石湖天光墟。

这些是苋菜。上海人把它腌至全都腐烂，然后把发臭的苋菜头插在臭豆腐上蒸来吃，这就是"臭味相投"。那个是白花蛇草，具有清热的功效。这些民间的草药，代表着代代相传的智慧。

这个看着像地瓜的果子是天山雪莲果，据说可以用它来熬汤，也可以削皮后直接食用。这个体积和外型都像南瓜的，其实是冬瓜。这个棕色的、扁扁的东西是石马蹄，可以和瘦肉一起熬汤，具有治疗热咳的功效。这些漂亮的米黄色的小花，是夜香花，又叫夜来香，就是我们吃冬瓜盅时放在其中的花，可以用它与瘦肉、鸡蛋一起做汤。小时候我家也种过这种花，妈妈经常吩咐我们这些小孩子把肉填进小小的花里，然后再用来做汤。

蔡先生三人在石湖天光墟，蔡先生手里拿的是天山雪莲。

除了农产品，这里当然还少不了水产品。许多村民从新界、元朗等地将捕获的鱼拿到市场上，希望新鲜的鱼能卖个好价钱。这里鱼的品种有魔鬼鱼、鱼仲、斋鱼、鲩鱼、乌头和大鱼等，不同的鱼有不同的烹制方法。比如烹制斋鱼，我会把它油炸两次。先炸一次，捞起来；待油再沸，再放进油中炸。这样，整条鱼就可以连骨头一起吃。

走在这个人声鼎沸的天光墟，羡妮和林莉都十分好奇它到底是怎样形成的。以前，村民们都是随便摆卖，不仅混乱也不利于管理。后来食环署划定了一块地方，让他们集中摆卖，而且是不收租金的。摊主们起早摸黑，在这里辛劳谋生；而村民们也可以买到新鲜的食材，大家各得其"利"。我经常想，像这样的"天光墟"不应仅限于新界，也应该在其他区域推广。

三人的眼前是像南瓜一样大的冬瓜。

【金钱村金鱼养殖场——锦鲤大博览】

　　从上水石湖墟出发，大约10分钟车程，就可以来到上水金钱村。这次到金钱村是参观一个大型的金鱼养殖点。

　　来到金鱼养殖场，首先看到的是池子中一条条十分漂亮的小金鱼，这些只是这里最便宜的。一路走着，一路欣赏着各个池中各式的金鱼。其中一个池里的金鱼都很大，5000元一条。那边池子里的就更大了。

　　不一会工夫，老板就从大的池子中捞出一条金黄色、一条白色的金鱼，放在大盆子里。羡妮指着盆中金黄色的鱼说："好大一条啊！与这条金黄色的鱼相比，白色的鱼显得好小啊！"这种金黄色的鱼叫"黄金"，今年已经6岁了，要4万元。中国锦鲤里也有"黄金"，但是体型没这么漂亮。看到"黄金"，我说印尼也有很多这种鱼，价格都不贵，在印尼时，买整条油炸着吃。老板听到我这样说，十分吃惊。原来，只是在香港物以稀为贵，在印尼有好多这种鱼，可谓整个池塘都是"黄金"。

锦鲤场，老板捞出两尾大锦鲤，金黄色的是"黄金"。

　　老板介绍说如果长寿的鱼，是不容易死的。因为是长寿、幸运的象征，人们还会用它来祝寿。如果一些小的鱼死了，他们会挖个坑把它埋了。

　　其实，老板对死去的金鱼，可不仅仅是随便挖个坑埋了那么简单。在锦鲤场上我看见一块写着"鲤塚"的碑。原来，锦鲤是这里主人的"米饭班主"。

在日本，人们会为死去的锦鲤设坟墓。这里的主人也根据日本的风俗，设个坟墓供奉死去的金鱼。我也是尽量避免让自己伤心的事情发生。看到宠物离开，我会伤心。所以，即使多么名贵的宠物，一想到它会离去，我就不养了。

看过各式美丽的金鱼，我向羡妮和林莉讲述日本人买金鱼背后的故事：所有美丽的事物，都有价钱的，除了主人特别喜欢的是无价之宝之外。这里的这么大又名贵的鱼，也是有价钱的，但平常人家不会买。来买这种鱼的人，多为政要和商人。在日本，买这种鱼的政要特别多，因为这种鱼象征着财富和权贵，所以日本政要的花园里都有鱼池。

锦鲤场中的鲤冢

【青松观的盆栽和斋菜】

　　40多年前在青松观就可以免费欣赏盆景展览了，现在道观内大约有3000盆盆栽。绝大部分的盆栽都是前观长侯爷在全国各地搜集回来的。他外出时，只要看到形态优美的盆栽，都会带回来。然后依着它本来的造型重新选择盆，再造景。

　　初入道观的花园，各式的盆栽真是令羡妮和林莉大开眼界。羡妮指着其中一盆说："看，这个勒马崖的盆景，好像一个微缩悬崖！"林莉则在其中一盆中发现附着在盆栽上的白色东西，其实这些白色的东西是天然生长在盆栽上的真菌。

　　看到各式的盆栽，与道观总秘书周和来先生讨论起了盆栽艺术。其实打理盆栽，是先让它尽量生长，待长到一定程度再修剪，正如人的头发一样，先生长，再由名发型师修剪出漂亮的发型——参照原来的造型，修剪出一个自然的"发型"，而不是一个新"发型"。如果剪出来的是新"发型"，说明"发型师"造诣不够深。总的来说，盆栽是通过修剪出造型的。

青松观欣赏盆栽

借人物造型的盆景，盆景中两人在树下品茶。

　　说到造型，要数福建茶树的品种比较多，它的叶比较浓密，比较容易做造型。造型是意境的反映，是表达道家"清静无为"心态的一种手法。盆景造型相当于画家画的山水画，是写意，即把意境画出来，而非写实。一般而言，盆栽的造型方式有两种，一种仅用植物做造型，另一种加入一些人造物件做造型。比如身旁的这盆，加一个小房子以衬托树的高大；还有这盆，树下还有两人在喝茶下棋。

　　其实，在仅用植物造型的盆栽里，还有一种做法是以"腐朽"来造型。就正如眼前的两盆盆栽，一盆树已经烂了一块，但是周围生长了新的气根，另一盆福建茶树中间也是烂了一块，或许这就是以腐朽衬托生机，表达了另一种意境。

蔡先生三人品素菜。

我在盆栽展览会或是香港其他地方都见过不少盆栽，但还是最喜欢这里。虽不能算最好，但却非常有气势。

青松观的盆栽可谓视觉享受，接着要到观内的餐厅品尝斋菜。说到吃素，羡妮想起我有个专栏叫"未能吃素"，既是未能吃素，为什么还要来吃素呢？其实"未能吃素"的意思是，因欲念太多而难以修成正果。好的斋菜我是很喜欢吃的。看着这一桌的斋菜，第一眼看上去，有几道菜是我很爱吃的。这道叫做"健康长寿"，是用腐乳拌出来的面，这种素菜我喜欢。但我不喜欢那些明明是素菜，却做出了肉的造型的菜。如这些像肉的、像鱼的、像瑶柱的就不喜欢！

道教并没有严格要求吃素，为什么青松观里要吃素呢？周先生说这是因为道教讲究清静无为。吃斋能让他们在念经时做到身心洁净。另外，那些在偏僻地方苦修的道人，由于客观原因也会吃斋。对周先生的说法，我就不太同意，像吕祖吃肉照样可以身心洁净。可见并不是不吃斋就不能身心洁净的。对一些人而言，吃斋或许只是表面的身心洁净。心不诚，吃一辈子素也是枉然。我个人坚持做斋菜要"正统"，不要做那些假装是肉的斋菜。就像刚刚那些伪装成肉的斋菜，就是自欺欺人，是多么"低层次"的斋菜。

桌上的双耳扒兰度值得推荐，里面有芥蓝，还有黄耳和白耳。而鸡蛋花凤凰卷也很值得一试，拌碟的鸡蛋花是青松观自己种植的。虽然没有特别的味道，但是吃得清心，这就比吃假肉高一个层次。接下来，喝紫菜芙蓉羹。

随后，吃腐乳拌面时，周先生不禁问道："蔡先生，我想请教您一个问题。之前看您的节目，说吃面要用猪油拌。我这里用的是植物油，你觉得猪油拌的面和用植物油拌的区别在哪里呢？"区别就是，在植物油拌的面里加了腐乳，所以味道甚至胜过仅用猪油拌的面。如果没有腐乳，拌面就失色不少。

双耳扒兰度

【闲游长洲】

印象中，长洲好像很远。但是没想到从中环坐船，不到半小时我们就到了长洲，要在长洲过个悠闲自在、懒洋洋的下午。

长洲的海产丰富，在大大小小的店铺中能轻易找到产自长洲的大墨鱼干、濑尿虾干和咸鱼等海鲜干货，而且还可以找一家烧烤店，享受一顿炭烧海味。来到长洲，当然要吃咸鱼、买些咸鱼作礼物。说到长洲的咸鱼，就不得不提生插咸鱼。

我们来到了长洲的一个咸鱼场。只见空地上架起了一个个架子，上面晒满了各种咸鱼，有马鲛鱼、曹白，还有花滑等。若是问哪种咸鱼好吃，那就要看个人口味啦。晒咸鱼一定要包头，不包的话会有苍蝇飞进去，这样咸鱼就不能吃了。而且，不同的鱼晒的时间不同，如曹白一般要25天，而花滑20天左右就可以了。晒得好的咸鱼，软硬适中，放在冰箱里可以存放两年。

晒咸鱼

制作生插咸鱼，首先要去掉鱼鳃，把盐从鳃的位置放进去。放盐是有讲究的，要把盐填满原来鳃的位置；在鳃里插盐之后，再在鱼身上涂满盐；然后埋在盐里腌24小时，最后拿出来刮鳞、清洗干净后包着鱼头。这样就可以拿出去晒了，但从清晨晒到十点多就要收起来，因为气温不能太热，大概31℃～33℃就行了，如果太热会把鱼晒熟的，那样就不好吃了。

制作生插咸鱼

　　咸鱼要晒至鱼身完全缩小，鱼身体里所有的纤维组织都坏掉。或许有些人会认为不用晒，直接用抽湿机抽干就行了，但我觉得抽湿机抽干的和太阳晒出来的是不一样的。如鲍鱼，阳光晒出来的跟用机器抽湿的，味道就完全不一样。

　　咸鱼晒得好，味道很香甜。一条10斤的鱼晒好后只有3斤，所以咸鱼贵是有道理的。而用花滑晒的咸鱼就更贵了。

　　长洲的慢生活，除了体现在长洲人的生活中，还体现在长洲岛上没有汽车穿行这件事情上。没有汽车的长洲岛，空气也格外好。离开画廊，我们三人也租了两辆人力三轮车在长洲西堤道一带漫游，不仅可以呼吸新鲜空气，还可以欣赏长洲海岸线上的景色。

生插咸鱼

西堤道漫游

　　虽然没有车，但这里有船！长洲曾经创造过传奇，孕育出香港奥运会第
一块金牌得主——"风之后"李丽珊。李丽珊的故事，让更多人认识到滑浪
风帆这项运动。现在，每逢节假日都可以看到很多风帆爱好者在长洲乘风破
浪。来到长洲，当然少不了去海边闲游，看别人玩得那么开心，自己的烦恼
也会一扫而空。

　　慵懒的下午，我们走走停停，一路上享受悠闲的长洲。其实在长洲，只
要用心发现、品味，一路上都是景色。随着年龄的增长，自己越来越喜欢看
树。一个树干，上有成千上万的树叶，顽强地生长在参差的建筑物之间，可
见生命的力量有多么强大。

长洲画廊

长洲古树

　　看过长洲美景，接下来体验一下长洲的美食。岛上有一家专门卖红豆饼的小吃店堪称是"长洲一景"。越简单的食物越难做得好。长洲这家小店，凭着简简单单的红豆饼，曾经吸引了很多人。这些人长途跋涉来到长洲，只为一尝吉野孝彦先生的厨艺。时至今日，吉野先生，这位隐居在长洲的日本红豆饼达人，在长洲已经无人不识。他制作的炒浓和风小吃，令人回味无穷。此外，吉野先生还曾经创下一天卖出1000个红豆饼的纪录。

　　我和吉野先生是老朋友，已近十年没见，这次终于有机会叙叙旧了。吉野先生特地为我们做了喜庆寿司和红豆饼等各式小吃。

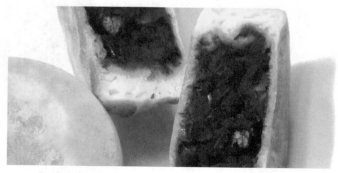

长洲驰名红豆饼

吉野先生跟太太从日本来到这里，因为喜欢长洲而留了下来。他们的儿子也在这里长大，一个不怎么喜欢说日语的小伙子，与其说他是日本人，我觉得他更像是香港人。来港25年的吉野先生偶尔也回过日本，但是现在每每被问及以后的打算，他都说以后会继续留在长洲，定居在这里了。

　　吉野夫妇初来长洲时，是以卖红豆饼而闻名的。现在，全长洲都知道他纯手工制作的红豆饼。不过，大家不知道的是，吉野先生除了擅长烹制美食之外，还擅长绘画，喜爱发明。吉野先生发明过浮在水上的风车，风车转动可以使水底变得洁净。

　　每次看到吉野先生的笑容，大家总感觉十分温馨。一个来自异国他乡的人，可以在长洲过上自己想要的生活。看来，享受生活讲究的不是花多少钱，而是花多少心思。

吉野先生在介绍与蔡先生合照的照片。

『从头到脚』看香港

香港，不仅繁华，也是现代时尚之都。在这里可以找到满足衣食住行等各方面要求的东西。就让大家"从头到脚"了解我视野中的香港。

【老式理发店】

　　来到这家20世纪60年代装潢风格的传统理发店，老式的理发椅一下子勾起了我的回忆：记得小时候不够高，剪头发时还坐不到这种椅子上。那时候，帮我剪头发的是一位印度人，拿着一把生锈的发钳，"咿咿呀呀"地，头发被弄得可疼了。

　　真是一段痛并快乐的回忆，不过如果现在理发这么痛就没有人光顾了。理发店的店主高德田先生告诉我们，这里理发全套要77元，如果想要"新潮"的发型就要81元。这样的价格，与新式的发廊比，也算十分便宜，其中还包括刮脸、剃须服务。

　　"还会用粉扑给理发的人扑粉吗？"我问。高先生指着不远处，说："用，就在那里！天气热的时候，就在脖子上扑点粉。这样，头发就不会黏在皮肤上面了。"其实还是会黏的，不过用总比不用好。

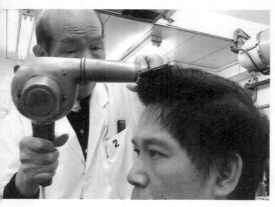

老式理发店使用的特别风筒

　　除了粉扑，传统理发店的吹风机也很特别。当高先生拿出了现在店里使用的吹风机时，我一下就看出了它们比以前的要小。高先生说："现在使用的吹风机是新的，是店里特别定做的，在别的地方都买不到。而且，与以前一样，它的温度也特别高。因为男士的头发粗，吹风机的温度要高点，这样能让头发帖服。"

　　在老式理发店里，有我们非常熟悉的记忆，比如那种传统的发型。或许只有这些老式理发店的理发师才能做出传统的发型。周润发先生曾经因为拍摄需要这种发型，而专门到这些理发店做头发。

老式理发店

【老花眼镜】

　　我不近视，但是有老花眼。30岁那年，突然有一天头痛，去了很多地方，但都查不出问题的根源。当时公司派我去日本，邵爵士就让我顺便去检查一下，并介绍了一位有名的日本医生。检查的结果是：老花眼。

　　有了老花眼，就要配眼镜了。我选择的是一家有名的老花眼镜店。现在，我用的眼镜是钛金属的。这种眼镜不仅轻，而且没有螺丝。既省去了眼镜掉螺丝的麻烦，又不易损坏。记得有一次，我把眼镜放在榻榻米上，起身的时候不小心压到了它，它竟然完好无损。虽然这种眼镜价格有点贵，但是我戴了十多年了，很值了。

　　如果普通款式的眼镜戴久了，可以适当地变化变化。比如有种眼镜的眼镜臂是可以换颜色的。眼镜如此，人也如此，要适当地寻求改变。不少年轻人笑我戴老花镜，我是不作声的，因为人总有老的一天，他们也会有要戴老花镜的那一天。

　　现在的眼镜越做越名贵，店里就有一副1万多的18K白金眼镜和水牛角眼镜，但是对于名贵的眼镜，我则认为没有必要，有些人眼镜上布满了名牌的标志，但我认为他是出钱替人家做宣传呢。

　　说到戴眼镜，其实墨镜是不少女星的囊中物。曾经在20世纪60年代流行过的、像苍蝇眼睛的大墨镜，现在又流行起来。看到这些"苍蝇大墨镜"，羡妮笑嘻嘻地说："我们戴大墨镜的原因是没化妆，所以戴个墨镜遮拦。"看来"遮丑"也是现代眼镜的一大用途了。

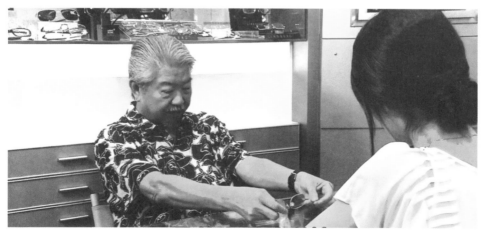

蔡先生头痛的是——老花眼

【穿越传统：时尚的中山装和旗袍】

　　提到中环，我觉得那是个有格调的地方，而羡妮和林莉两位也对中环情有独钟。中环，不仅展现了香港的繁华，同时也体现了香港的现代和时尚。在这里可以找到满足衣食住行等各方面要求的东西。

　　我钟爱穿传统的服装，但传统的服装是很挑人的，不是随便哪一家店都能做好的。这次，要带着郭羡妮和林莉来到自己常光顾的传统服饰店，三人一进门，郭、林二人就被一块钉满了珠片的布吸引，大赞很漂亮。我拿起这块布料，介绍道："这块布上面钉满了珠片，但还比较淡雅。布上的图案是钉完珠片后再喷制的，像喷画一样喷上去的。"有一些人穿传统服装会有一个误区，以为穿在长衫里面的内衬可以单独穿在外面，但其实是不能穿在外面的。

钉珠片的布料

　　传统的服装为什么不是随便找一家店就能做好？一件衣服除了布料要好，手工也很重要！我曾经选了金棕色的布料做衣服，在量身定做的过程中，师傅却拿出一件白色的衣服给我试穿。原来到这里定做衣服，师傅都会先做好样板，让客人先试尺寸是否合适。你来这里做衣服，他们会先给你做个样板，这是他们的细微之处。其实这个样板做得很好，是可以直接穿出去的。

蔡先生身穿晚礼服般的中山装

来这里定做衣服，先把样板做好，以后按照这个样板，一年可以做四件衣服。如果十年身形都不变，就可以做四十件。只要选好料子，就可以照着这个样板做很多衣服。我的衣服虽然多，但我在衣服上的花销并不多。

说起选料子，一些衣服还有用竹子或象牙编织的，衣服不会黏在一起，夏天穿也比较透气。林莉拿起一件皮绸做的衣服说："现在的布料挺新潮啊！看这种布料！"其实这个布料最不新潮。广东人称这种布料为"黑胶绸"（皮绸），以前都是女佣穿的。上海人则称其为"香云纱"，我觉得这个名字好听。在现在的制作过程

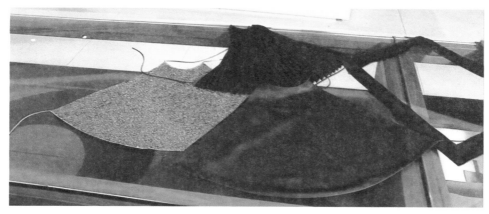

各式肚兜

蔡先生"试穿肚兜"

中，布料的质感被强化了，这样布料就不容易皱了，也高档了很多。这种变化经过了一个过程，当年法国人到越南，看到当地女孩子穿的这种布料做的衣服，抚摸起来很轻柔，很吃惊。大多数这种布料的衣服都是黑色的。但现在又衍生出很多变化。比如这件深紫色的棉袄。以前的棉袄总是给人厚重死板的感觉，现在的棉袄可以做得很漂亮，而且很轻柔。

这个店的老板和设计师，很注重传统。一些人认为，穿中山装很显得呆板，但做工考究的中山装却不然。像店里的中山装则剪裁精细，布料笔挺。这样的中山装在任何场合穿都体面，有风度。有一次我穿着中山装和邵爵士到一家高级西餐厅吃饭，餐厅服务员因我没有打领带而不允许我进入。邵爵士拍案大怒，告诉餐厅服务员中山装是中国人的礼服。最后，服务员还是让我们进入餐厅就餐了。

典雅的黑色旗袍

中山装是男装的代表。而女装的代表则是肚兜。店铺里陈列着各式的肚兜，有镶珠片的，还有设计独特的百褶肚兜。此时，一名女店员穿着那款百褶肚兜走来，郭、林二人看到惊呼好有型。郭羡妮拿起一件圆圈设计的衣服，问店员："这件怎么穿呢？"店员现场试穿，羡妮看着简单的一个圆圈设计，穿上就成了一件背心，大赞设计师别出心裁。

　　除了肚兜，传统女装不得不提旗袍。简简单单的旗袍，最能凸显出中国女性高贵端庄的一面。我建议郭、林二人试穿店里的一些旗袍。二人分别换上了一长一短的黑色旗袍。简简单单的设计确实很美。漂亮的旗袍并不是把腰束得很紧、裙衩开得很高。如果是那样，是服务员穿的。

　　出席宴会，要盛装打扮。一些有长长拖尾的旗袍，显得雍容华贵，就非常适合宴会。此外，现在加入了时尚元素的旗袍，吸引着更多年轻的女士。不同的布料和别出心裁的设计，使女士们对旗袍更加爱不释手。基本款式的旗袍融入了设计师的设计理念后，使得以旗袍为代表的中式晚装华丽而千变万化。

店名：源
地址：中环置地广场218-221号。

名为"天圆地方"的衣服

【衬衫定制专门店】

一套精致的西服，能够增添男士的魅力。衬衫作为西服的重要组成部分，当然也有讲究。人体的构造很微妙，每个人都是不同的。买的衬衫，都是一样的规格，很难适应每个人的特殊之处，所以我一向都是定做衬衫。

我穿的就是一件定做的衬衫，它最特别的地方是在腋下快到腰间的位置有个口袋装些小物。原来这是设计师的匠心独运，一般的衬衫只有胸前的口袋，要是放些重的东西，比如手机，衣服会往下坠；而如果把手机放在腋下的口袋里，就不会影响衣服的整体造型。

这个别致的设计是张宗琪先生创造的，他和堂弟Lincoln（张宗豪，男装衬衫专卖店总经理）共同经营着父辈们留下的男士衬衫专卖店。

蔡先生讲解晚礼服的衣领

各式衣袖、口袋设计

领子是衬衫的灵魂，所以张先生在领子的设计上很讲究，这家衬衫专卖店里也有数十种可选择的衣领。以前有些人喜欢在领尖留两个纽扣口，因为怕领尖翘起来，所以把领尖扣住。现在不流行这种纽扣露在外面的领子了，于是就有了一种领中有领的样式，就是在原来的领尖下面有一个暗领。或者在领尖的背面弄一个小圈来固定纽扣。还有一种领自然张开，像两只蝴蝶的小翅膀"飞舞"在领结上，而不是折起来藏在领结后面或是死板地搭在领结前面，这种领就是燕尾服的领子。为了使"蝴蝶翅膀"看起来很自然，要用熨斗将折痕熨平。

　　除了领子，胸前的口袋形状也可以选择，方形或圆形，定做者甚至可以自己设计。此外，袖口也可以采用专门用袖口纽的双袖设计。

　　一件好的衬衫，各部位的设计固然需要讲究，但也不可忽略面料的重要性。所以，现在店里有4000种不同的布料供客人选择。张先生拿出店里的部分布料，向我们解释各种布料的不同："这种布料是100支纱的。一支纱是由一磅棉花缠绕打成一条840码长的纱织成的。100支纱，就是用一磅棉花缠绕成8400码长的纱织成的。用100支纱的布料做衣服，价钱在600元至900元之间。市场上最好的布料是240支纱，即是用一磅的棉花缠绕成201600码长的纱，这种布料的衣服十分柔滑，不过价格就要6890元一件。"

　　总之，你喜欢怎样的设计，甚至是天马行空的，他们都可以帮你做。而这些就是定做衬衫的好处，买的衬衫就做不到。

店名：诗阁
地址：中环港景街1号国际金融中心商场2025号。

各式衣领设计

【新奇手杖店】

　　对于我们而言，现在不需要手杖。但每家都有老人，老人是需要它的。有时人们经过，会挑选一些漂亮的，买来送人。我曾买过一个，送给老朋友倪匡先生，他可是很喜欢手杖。其实我自己也喜欢，因为在一些旧电影里看到，那些19～20世纪的英国人，手里拿着手杖，很有个性，也很绅士。但他们拿的手杖都比较细，而现在做的都有点粗。

　　手杖店负责人莫志强先生见到我们，特意拿出几款特别的。

　　首先是一款多功能的手杖，它的设计可以帮助使用者做物理治疗。这里，可以动一下手关节；还有闪灯的电筒，过马路的时候可以让车看到。不用的时候，比如坐飞机时，又可以把它折起来。

　　非洲的一些国家，会将手杖的手柄雕成不同的动物，杖身也很独特。每一支都很特别，这样，使用者就不会跟别人拿着一样的手杖。

　　"还有这些，连杖头都做了不同的颜色。"说着，莫先生拿起了一支满是粉色碎花的手杖，贝儿见到直夸好漂亮，好像樱花一样！看到这支手杖，我想起了自己在日本买过的一支手杖，整支都是红色的，用漆器做的，十分漂亮。这支粉红色的手杖，除了漂亮，还有些来头。原来它还是目前全世界可以折得最小的手杖，可以把它折五折，只有八寸长短，半磅重，这样就可以把它放进任何一个小皮包里。

各式手杖

蔡先生拿着一支水晶手杖，希望手杖中间掏空，盛酒。

　　现在的手杖，总是通过材料和设计的创新，给使用者带来更高的使用享受。说到手杖的材料，除了传统的木手杖，现在有些手杖是用碳纤维做的，十分轻便。若是爱漂亮，选择也不少，莫先生拿起一支介绍道："这支颜色很漂亮，是用涂在日本彩瓷碗上的彩瓷做的。如果爱美的，可以用这支。除了轻便，它还有一个好处——没有接驳位，是完整的一支，所以比较稳固。"

　　听着莫先生介绍，嘉容注意到店铺里一个展示架上摆放着各式很有特点的手杖。莫先生说："这些手杖适合新近升为岳父或家公的人用，或者出席比较隆重场合时用。有些看起来比较有气势。如果一个有宗教信仰的人，或者印度人，会觉得手上握着一个手杖，像是被神明守护着，会很有安全感。"

　　各式的手杖让我想起以前有些手杖，通常转动一下，可以拔出刀来。贝儿听到也笑着说："作为武器，女士们可以用来防'狼'。"其实，现在这种内有乾坤的手杖也很常见，只是"乾坤"不同了。莫先生拿起一支木制的手杖，这支手杖不用的时候可以分三段收起来；不过，最特别的是在扭开柄的位置，藏着我喜欢的小酒瓶。我也有一支相似的，手柄以下是一个酒瓶，可以装很多酒，打开手杖就可直接喝酒了。

　　手杖店里的手杖可谓琳琅满目，不仅设计美观还方便使用。现在，使用手杖可不是只有老人家。莫先生拿起一支水晶手杖，说："这支手杖可以用来参加迪斯科、参加派对呢！在灯光照射下，很诡秘，很炫目，有些摇滚乐手非常喜欢。"这支水晶手杖应该掏空，盛酒，那就完美了。

【脚的博物馆】

　　人生最重要的是贴身的享受，尤其是鞋的贴身享受。这次，我带着大家来到自己最喜欢的鞋店，这是一家传统的定制手工皮鞋专门店。我个人十分喜欢也珍惜这些传统的东西，是百分之百属于香港的东西。

　　我最喜欢的这家鞋店，是由刘洪义先生创办的。他师承日本造鞋工艺，曾经为无数名人做过鞋，凭着高超手艺而名声大噪。他的儿子刘俊宏，子承父业，踏实经营父亲创办的皮鞋店，父子俩同心合力，希望让更多人享受到他们的专业服务。

定做皮鞋量尺寸

　　这家鞋店在香港是数一数二的。自己的一些朋友，比如金庸先生，还有长辈都在这里做鞋子。

　　在这家店定做鞋，首先决定要用什么皮，用什么皮决定了皮鞋的价钱。选好皮后，在纸上画下脚型，量长短、宽度。接着，师傅会根据尺寸为每个客人做一个专属鞋楦。然后用一些废弃的皮先做一个样板，等到客人一切满意之后才正式开始做鞋子。将客人选中的皮缝制好后，再套在鞋楦上，然后装在客人预先选好的皮质或塑胶鞋底上。这样，一双鞋子就完成了。虽然听起来做鞋的程序并不复杂，但因为是全手工制作，而且在制作中要先做模子，再不断修改至合适为止，所以定做一双鞋子大概需时6个月。

124

蔡先生与何先生聊着关于做鞋工序的话题。

听到一双鞋需要如此的工序，郭羡妮不仅感叹："这样做鞋子真的很好啊！真是追求有品质的生活，是享受生活啊！"有些鞋子里面还加一个假鞋跟，这样穿上后人可以变高。因此，那些对身高有追求的人，可以让师傅在鞋里加个高台，高度任选，藏在里面，从外面是完全看不出来的。

那么，在这里定做一双鞋子最低花费多少钱呢？其实价钱的高低是与所用材料相关的，最低花费5000元，而我在这里定做过最贵的鞋子是30000元。

如果说鞋店是台前，那么制鞋工厂就是幕后了。刘俊宏先生带着我们来到了从不让人拍摄的制鞋工厂。

老式做鞋机器

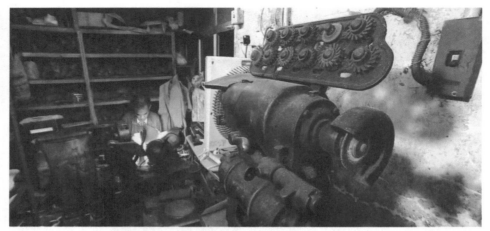

老式做鞋机器

　　进入工厂,首先看到的是用于做鞋的各式皮料。随着不断的深入,大家看到存放着的制鞋所需的各种样板、皮料,不禁惊叹这里真可谓是"脚的博物馆"! 鞋厂里负责做鞋面的师傅, 是这里最年轻的师傅,但也年近70了。负责做鞋底的,则更年长些。鞋厂里存放着各式做鞋用的东西,虽然看似杂乱无章,但这些师傅们却能轻而易举地找到想要的东西。

　　这间鞋店最繁荣的时候,一天要做几百双鞋子。由于数量太多,他们也会用到一些简单的机器协助。比如用来打磨的机器,现在有时也会用到。用来钉鞋的机器用得就比较少了,它可是宝物啊! 我想世上存留下来的屈指可数。如果放进博物馆或是拍卖,一定价值连城。

在制鞋工厂看皮料

郑大班先生的鞋

除了各式皮料，这里当然少不了所有在这里做过鞋的人的鞋楦。我在这里做过鞋，这里当然也有我的鞋楦。我能从众多的鞋楦中一下子就找到自己的鞋楦。很多名人的"脚"都在这里。再在这里定做鞋，直接选皮依照鞋楦做就好了。

制鞋的皮料区有着各式皮料。用柔软的小羊皮，非常贴脚，穿起来很舒服。但用小羊皮做的鞋有一个缺点，就是比较容易弄花。但因为是手工制作的关系，可以把弄花的地方拆下来再补回去，这样就可以又是一双完美的新鞋子了。若不想鞋子那么容易弄花，可以用牛皮，它同样柔软，也很舒服，而且擦完皮很亮。

刚要转身准备去别处时，我发现一双很奇怪的鞋子。原来这双是郑经翰先生的鞋，真是怪人穿怪鞋。不过说到怪，当数贝老先生的鞋。贝聿铭先生的父亲也因为做鞋的缘故，和这里的老板刘洪义老先生成为好朋友，他每次来香港都要找刘先生。

说到刘老先生，现已是90岁高龄了，仍然坚持在鞋厂工作。看着白发苍苍的刘老先生和年过半百的刘俊宏先生，真希望第三代也可以继承下去。

店名：高和皮鞋
地址：中环太子大厦2楼241号。

关于艺术那些事儿

　　要培养一个人的鉴赏能力，多去看、去欣赏、去研究是非常重要的，博物馆为大家提供了一个接受艺术熏陶的机会，好的书画店也提供了同样的机会。

　　而每次逛书店，身处知识的海洋，就会感觉自己很渺小。自己的作品，只占据了书柜一个角落，即使数量多得占满了整个书柜，那也仅是书店千百个书柜中的一个，并不值得吹嘘炫耀。

【名画荟萃的画廊】

中环是一个来去匆匆的地方。但如果静下来，慢慢找，就会发现另一番天地。其中之一就是画廊。我带着林莉和郭羡妮来到这家位于中环的Opera Gallery，它是分布在世界各地的众多分店中的一家，里面展出的都是艺术名家的精心之作。画廊的负责人Shirley（全名Shirley Ben Bashat）热爱艺术，对世界著名艺术家的作品更是了如指掌。

刚进门，就看到一个由黄铜制成的艺术品。这个太极系列，是由朱铭先生创作的，现在价值180万港币。

好客的Shirley忙带着我们欣赏画廊里各式的艺术品。首先映入眼帘的是韩国艺术家Kim Seok的作品，作品表现的是一个日本漫画里的人物造型，价值154000港币。

接下来，Shirley带着大家走到画廊的"黑房"。黑房里摆放的都是画廊最好的艺术品，而且它们都是真迹。正中间的桌子上摆放的是哥伦比亚著名艺术家Fernando Botero的作品，Shirley指着作品说："'有没发现这件艺术品很光滑？这是因为大家都很喜欢摸它，尤其喜欢打它的小屁股。"我对这个艺术家十分熟悉：Botero创作的许多人物都呈现圆润的体型。即使是蒙娜丽莎，在他笔下也会成为一个胖嘟嘟的女人。那边墙上那幅《撑伞的胖女人》，就是他的另一件作品。Shirley笑着说："对啊，这也是他的画作。画中圆润的女士就是他作品的招牌人物，这幅画作价值130万美元。"

Botero画的右边，放着日本艺术家村上隆的作品，作品展现的是现在日本十分受欢迎的卡通造型KIKI。它价值1200万港币。

墙上众多的画作中最吸引我的是俄罗斯画家Mac Chagall的一幅印象派作品。我一向喜欢印象派的画作，而这幅画吸引我的并不完全是印象派的原因，还因为Chagall的作品经得起时间的考验，而且他每幅作品都很精彩，给人愉快的感觉。羡妮仔细端详眼前这幅作品，说："蔡先生，你一定是喜欢画作中的人物在搓肚子吧？"呵呵，也许这正是其中一个原因。

在画廊黑房欣赏艺术品

【书画复制品的价值】

　　书法、绘画的爱好者，会热爱购买名家的作品。我也不例外，但同时也认为一些名品的复制品一样值得欣赏。我现在向大家介绍一家收藏了不少书画名品的店铺，展示复制品的价值。

　　这家店铺，除了有许多名家的作品，还有关于书法、绘画的书。要研究一样东西，首先要研究它的历史。比如，若要研究中国美术，怎能不了解中国古人的画作呢？如果不了解历史，人会变得很盲目，所以这家店里的《中国美术全集》这类书就很值得阅读。

蔡先生讲解书法

蔡先生讲解书法

　　我对名画有兴趣，但不一定就全买真迹，也喜欢买复制品。艺术家一流作品的真迹大多被收藏在博物馆，拍卖行、私人珍藏的大多是画家二流或三流的作品。譬如宋朝郭熙的《早春图》，其真迹现被收藏在故宫博物馆。山水画，每一张看起来好像都是黑黑的，但从中仔细品味，会感受到它的意境，此外中国画在画中一定会有留白，给人以无限的想象。

　　再说书法吧。我喜欢宋代书法家黄庭坚，《松风阁诗卷》是他的作品。研究书法的人，都喜欢看书法家写每个字是从哪里起笔的。一般真迹是比较容易看出来的，但复制品就比较难，那些复制得比较精细的作品才能看出来。这幅是可以看到的。我们学书法，要想学得好，就要掌握起笔收笔的位置。

　　眼前这卷《松风阁诗卷》把原作中的纸纹、笔画浅淡都完美地复制了。那么，复制品怎么可以复制得这么精细呢？做复制品首先要用高像素的摄影机，把作品每一处详细地拍下来，再付梓。印刷的时候，很多张胶卷一起印。这样，就能完美复制出一幅名品。

　　复制品你可以用手摸，这就是"摸索"，但古董是不会让你"摸索"的。所以说欣赏字画不一定要花太多钱，许多东西的价值是不能仅靠金钱来衡量的。

【摄影大师的故事】

在逛尖沙咀加拿芬道时，很容易看到高仲奇先生的影楼。高仲奇先生，是城中名人御用的摄影大师。他的每张作品，背后都有鲜为人知的故事，而且每一个故事都引人入胜。这次，我带着郭羡妮和林莉走进高先生的影楼，聆听那一个个属于照片中人，也属于高先生的故事。

进入影楼，首先被好莱坞资深华裔影星卢燕小姐的一张照片吸引了。原来，卢小姐是高先生的主要客户之一，照片中的卢小姐已是一头银发，但依然风姿不减。高先生介绍说最近好莱坞将终身成就奖颁给了她，卢燕小姐可说是我们中国人的光荣。

除了卢小姐的照片，影楼里还珍藏了许多女星的照片，高先生指着影楼中展示的部分照片，一一向我们道来："这张照片，是20世纪60～70年代的影星狄娜小姐；这张是有'影坛常青树'之称的李丽华小姐；这张是60年代女影星何莉莉小姐；还有这张是邓丽君小姐。" 高先生作品下的女星，个个风华正茂。像狄娜小姐的这张照片，性感且明艳照人。高先生是正人君子，所以狄娜小姐也很放心，完全相信高先生。

高先生高超的拍摄技巧和正直的人品，受到了许多名人的青睐。一向以要求高、挑剔出名的乐蒂小姐更是以高先生为自己的专用摄影师，因为唯独高先生的作品能令她满意。在20世纪50～70年代，高先生影楼的生意对象主要是娱乐界的女影星。但到了武侠片时代，女影星的戏比较少，他的业务也随之减少。这个时期男明星比较多，而男明星不喜欢上影楼。听到高先生说起武侠片时代，我笑着说起了那时代男明星的共同特点——都喜欢摆同一个姿势：右脚踩高，弯腰，一手叉腰，另一只手手肘顶住膝盖，手指以"七"字手势托着下巴。

摄影大师高先生在介绍照片里女星的故事

高先生夫妇站在张大千先生作画的照片旁

　　大明星时代结束，就是大明星结婚的时代了。高先生说，他的太太以前是婚纱设计师，与她结婚后，尤其是70年代，开始帮一些女影星拍结婚照。"我记得萧芳芳小姐结婚时正在台湾拍戏。可是在婚礼前，却在拍戏时病倒了，人也回不到香港，就让我太太根据她的一件旗袍来做婚纱。"此外，在高先生镜头下的新娘还有赵雅芝、徐枫、朱玲玲、沈殿霞小姐等。除了在香港的酷虎，不少台湾女星也是高先生的客户，如汤兰花小姐就专门从台湾来港找高先生拍照。

　　高先生的作品，为女星留下了美丽的瞬间，甚至是女星在世人面前的永恒的瞬间。高先生为邓丽君小姐拍的照片，最后成为了她葬礼上的照片。高先生回忆起说："那时，邓小姐从台湾来请我们协助她做宣传。这张照片拍出来后，她自己也十分喜欢。就在她逝世的那天早上，我到自己存放底片的货仓找东西，忽然有一卷东西掉下来打到我的头。打开一看，原来是邓小姐这张照片。我就顺手拿起照片，放在办公桌上。接着就去开会了，到了下午两三点回到公司，居然还在公司门口摔了一跤。有个路过的女孩，好心地扶起我，并把我扶到公司里的沙发上。刚坐下，公司的前台小姐就告诉我，邓小姐因病逝世了。这一天的不平凡经历，使我觉得是不是邓小姐想叫我做什么事呢？于是，我马上将这张照片冲洗了一张黑白的，想寄给负责治丧的人。没想到，第二天邓小姐的弟弟打电话给我，说要选照片。最后他们选了这张彩色的，因为这张是少有的、从正面拍摄邓小姐的照片；而且，这张照片的背光效果，好像有'圣光'一样。照片中的邓小姐双手合十好像在祈祷，她那水灵灵的双眼在看着我们，让人感觉到邓小姐与我们同在。"

　　高先生影楼里的照片，每一张都十分珍贵，甚至有些还是未对外公开的。高先生指着一张照片说："这张照片没有在外面公开，是元秋小姐拍武侠片的照片。照片里还有成龙先生，因为当时比较难拍照，拍好后由于各种原因我并没有发表出去，可能成龙大哥自己都没见过这张照片。"

除了各种影视明星的照片，高先生还珍藏了名画家张大千先生的不少照片。其中有一幅张大千先生作画情景的照片，只见张先生在照片中敞开衣服，全神贯注地投入到创作中。高先生介绍说这张照片是在汀九朋友的一座别墅里拍摄的。那时候天气比较热，也没有空调，所以照片中的张先生衣服是敞开的。

其实张大千先生跟香港很有缘分。他是持有香港身份证的，也算是香港的本土艺术家。张大千先生擅长将工笔和泼墨结合起来。画作中的绿色颜料是石青石绿。张大千先生喜欢用中国的矿物，因为他认为原材料的颜色不会变。现在张先生不在了，但高先生觉得非常有必要宣扬香港本土文化，所以在他的影楼里，有不少张先生的作品。这些珍贵的作品不少曾在1962年香港博物馆开幕的时候展出，据说当时香港博物馆向高先生借了100多幅张大千先生的画作和照片。说着，高先生带着我们欣赏店里各种张大千先生的作品。

高先生指出一张见证历史时刻的照片，这张照片拍的两幅画分别是毕加索和张大千的作品。二人曾经在法国康城会晤，大家互赠画品。毕加索画了一幅《牧神》给张大千，张大千回赠一幅《竹子》。这是艺坛的一件盛事。

我记起天安门城楼前挂的毛主席照片的修复者与高先生也是好友。原来，挂在天安门城楼上的毛主席的照片是陈石林先生的作品，他是高先生父亲的学生，是照片修复专家。当时毛主席选了照片后，就由陈先生不断地修复；最后，毛主席十分喜欢这张照片，所以就成了挂在天安门城楼上的照片。现在人民币上的毛主席的肖像，也是陈先生的作品。

真想下辈子就像高先生那样做一个受人尊重的摄影师，能够为美丽的人留下美丽的瞬间，让美丽的瞬间成为永恒。

毕加索和张大千先生互赠的画作

【闲逛书店】

我爱看书，也爱逛书店。今天，带着林莉和郭羡妮来到了一家很"隐秘"的书店。它在尖沙咀的一栋大厦里，最近才开业，知道的人不多，所以这家书店比较安静。

刚进书店，面对堆积如山的书，羡妮问我："这里有这么多书，我怎样才能快速地找到想要的书呢？"其实每家书店都会有熟悉书店书目的店员，书目好像存入电脑一样保存在他们的大脑中，他们能帮你迅速找到你要的书。在这家书店，最熟悉书目的当然是副店长凌静小姐。

听到凌小姐能帮自己迅速找到想要的书，林莉表示最近想看一些健康保健类的书。于是凌小姐就带着一行人来到了书店的 "健康忠告"区。果然，这里放着各式健康养生的书籍。

面对如今多如牛毛的书籍，什么书才是值得看的呢？看书要看那些能激发想象力的书，比如金庸、亦舒的书都很值得看。

我的书总是在亦舒的书后面，亦舒女士现在已出版了几百本书了，可我只出版了一百本书。听到亦舒有几百本著作，羡妮不禁好奇：亦舒女士怎么有这么多的灵感呢？我也有同感，亦舒的哥哥倪匡先生也十分佩服她能写这么多书。倪先生认为科幻小说题材广泛，内容可以天马行空。但是，爱情小说都是描写男女情爱关系的，这样也能创作出几百本，真是要具有高超的创作能力。

这套书的书脊是蔡先生的一条领带。

我写的多是散文。小说可以遮掩作者本人的所思所想，所以读者很难通过亦舒女士的小说读出作者是什么样的人。而散文不同，可以反映出作者的所思所想，所以读者就能从我的散文中读出我是什么样的人。

我的书不及亦舒的书，但会多花心思在书的设计上：比如《麻辣爱情》和《好色男女》，这两本是在同一时间出版的。苏美璐帮我设计的封面，就是把这两本书放在一起，封面拼起来是一幅画。再比如这一辑书，书脊的图案连起来是我的一条领带上的图案。书脊的设计是很容易吸引眼球的。而这一套书，书脊连起来看就是"夜宴图"，图中有我、金庸、黄霑、倪匡四人。

多读书能增加一个人的修养，看书甚至能使人变得漂亮。经常看书的人，表情会比较温和，就好像吃素的人，脸色也会好一点。多看书终归是好的，不过每一代人看书的层次和兴趣都不一样。现在的年轻人喜欢看有帅哥美女的书，比如漫画书，总是把人画得漂漂亮亮的。

每次来书店，身处知识的海洋，就会感觉自己很渺小。自己的作品，只占据了书柜一个角落，即使数量多得占满了整个书柜，那也仅是书店千百个书柜中的一个，并不值得吹嘘炫耀。

《麻辣爱情》和《好色男女》，两本书封面连起来是一幅画。

【砵兰街的石头玩家】

这次我带着郭羡妮和林莉来到砵兰街探望一位有趣的朋友。进入店铺，首先映入眼帘的是一瓶瓶的红酒，但红酒并不是今天的主角。这里是老板跟他的朋友合伙开的店铺，既卖红酒，又卖石头。石头才是今天的主角。

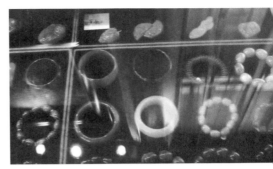

各式蜜蜡手链

羡妮看到一串黄色的手链，标牌上写着蜜蜡，她拿起这串手链问道："蜜蜡是什么呢？"石头收藏家钟先生告诉羡妮，蜜蜡是树胶的化石，是埋在地下2000万～6000万年后形成的。

钟先生的至爱是寿山石。其实，作为寿山石的玩家，一开始钟先生并没有在店里卖蜜蜡。后来，他发现购买寿山石的都是男士，而他们又经常带着妻子来这儿，所以蜜蜡是特地为女士们准备的。这样在丈夫选寿山石的时候，妻子们也可以看看蜜蜡。

钟先生早期是写诗、写小说和写专栏的作家，后来才开始玩石头的。没想到，玩着玩着就变成专家了。这是玩物养志的典型例子。凡是玩一样东西而变成专家的人，就是会赚钱的人。一些人认为沉迷于一种东西不好，但我觉得沉迷于一种东西不见得不好，因为沉迷才有动力探究，正是在这样不断的研究中渐渐才成为专家的。

说起钟先生玩寿山石的经历，最早要追溯到10年前，那时钟先生是玩鸡血石的。一次，他专门去上海买鸡血石，可是鸡血石没买到反而带回来不少寿山石。开始时，钟先生只是觉得很有趣，所以见到喜欢的就买，不知不觉就沉迷其中了，而且越买越多。突然有一天，他发现收藏的寿山石数量很多，多到可以开店了，于是就开了这家店。其实，也只有开店盈利才能支持他继续买寿山石。

钟先生拿起一件寿山石摆件，说道："这个摆件叫'水洞高山'，它是雕刻大师王作琛的作品。王大师人比较大胆，敢于在作品中夸张地表达一些东西。"

寿山石摆件

寿山石

　　寿山石一般都是用来做印章的。但如果石头足够大，不仅可以做印章，也可以做其他的东西，比如手件。其实，玩石头有两种玩法：一是雕镂，一是图章。在小小的石头截面上雕刻图章，实际空间很小，但创作空间却是无限的，这就是所谓的"方寸之间见宇宙"。

　　说到雕刻，我也很喜欢用青田石雕刻一些东西。尤其是在夜深人静的时候，一边雕刻，一边听着石头裂开的声音，那种感觉奇妙无比！

　　听到我们所说的，羡妮感叹："男士们喜欢的东西真是奇怪啊！""男士们喜欢刀、枪，欣赏的是'暴力美'。"钟先生又拿起一块石头，接着说："这块石头分三层，从外到内的颜色分别是黑、白、黄。王作琛先生充分利用它的颜色、质地创作了一件精致的手件。所以，玩家除了欣赏石头本身的颜色、质地外，还欣赏雕刻在上面的画。把这个手件握在手里，感觉就像握了一幅画，一幅立体的、可以用手触摸的画，而且它比画在纸上的画好打理，并方便携带。"

　　钟先生表示有时候玩石头是为了纾解烦心事。人是哭着来到这个世界上的，人的一生中总是会有烦恼的。要想开开心心地度过一生，就要找一些自己喜欢的东西。玩石头就是让自己开心的好办法。

金狮峰独石

【虚白斋】

虚白斋的主人是中国书画收藏家刘作筹，斋名源自他获赠的一幅《虚白》书法。刘先生很喜欢这两个字，因此为他的藏画室取名"虚白斋"。刘先生有许多收藏品，而且爱画如命。所以，有一次他家出现火警预报时，刘先生做的第一件事就是抢救他的藏画。

"虚白"二字

虚白斋的主人是看着我长大的。每次来到这里，我就好像又再见到这位世叔。都说人死后一切皆空，但是虚白斋的主人不仅留名于后世，而且他的珍藏还给了世人接受艺术洗礼的机会。

进入虚白斋，林莉就被展柜里的画作吸引住了，问道："古代的皇帝会在画中演绎他们的生活状况和心理状况吗？"原来，展柜中的是乾隆皇帝的作品《三果图卷》。乾隆皇帝是一个爱赏画之人，看得多了自己也开始画，在画中也自然或多或少地流露出自己的所思所想。不过，在我看来，乾隆皇帝还是欠缺点画画的天赋，而且我不太喜欢乾隆皇帝将收藏的画作盖上他的印章。

在《三果图卷》附近的墙上，挂着一幅描画得十分细致的画作。这幅是唐伯虎的《抱琴归去图》。很多人知道唐伯虎，但却很少人知道他的画风。他的画风很广，既粗犷又收敛。这幅《抱琴归去图》就画得特别精细。唐伯

王铎的作品

虎的故事流传甚广，都说作品能反映一个人的性情，那么在唐伯虎的画中能看出他是个风流人物吗？其实我认为看不出来，仅凭一幅画是很难看出一个人是否风流的。

该如何欣赏画的好？又是如何与画的作者沟通呢？以这幅唐寅作品为例，我觉得画中人就是作者本人。你可以把自己当成画中人，去感受在画中沿途的所见所闻，这就是与作者沟通的一个方法。

其实，要培养一个人的鉴赏能力，多去看去欣赏去研究是非常重要，博物馆为大家提供了一个接受艺术熏陶的机会。可是，现在博物馆虽然多，但与虚白斋相比，所收藏的精品却不多，只是这样一个聚集了许多精品的虚白斋却不为众人知晓。

说到虚白斋的精品，就不得不提其中的一幅书法——《行书饮义楼作诗》，它是晚明著名书法家王铎的作品。这幅作品是写在绫上的，与一般的纸、绢不一样，墨在绫上的渗化度很高，所以这幅字最精彩的就是墨渗化中所体现的那种豪放和流畅；而且从墨扩散的方式能看出王先生写这幅字的时候，是把绫挂起来的，所以墨像泻下来一样。一般人如果不懂，可能会觉得这幅字看起来脏脏的，但其实这才是它的精彩之处。

好的书法家，不仅仅是写字，还把书法当作图画来创作。王铎先生这幅书法，从单个字看你是看不出什么的，但从整体上看，你会看出每个字、每一列之间是有关系的。会欣赏书法的人，就能看出书法中的构图。

的确如此，艺术馆馆长司徒先生说书法讲究厚重、浓淡、虚实。作者蘸一下墨，一直写到这滴墨干；再蘸墨，再写，很有节奏感。所以，懂书法的人常说书法是有韵律的，可以像欣赏音乐一样去欣赏书法。

听过我们的介绍，贝儿似懂非懂地问："就是说书法作品中的字大小不一，互相呼应，讲究的是整个构图？""对！"司徒先生接着说，"这种整体构图体现着中国书法的韵味。乾隆皇帝书法虽工整，但缺乏味道，所以不少人觉得他的书法写得一般。"

书画店张大千先生的题字

【笔墨纸砚俱全的书画店】

　　随后，我和贝儿、林莉来到香港的另一家书画店。说到写字、画画，除了可以到内地鉴赏以外，就一定要来香港这家店。

　　这家书画店工具十分齐全，有些工具可是外行人想都想象不到的。比如这个舀，是磨墨前用来舀水放在墨砚上的；裱画界尺，用刀切纸时用的，切纸时不能用胶尺；这支毛笔叫篆隶毛笔，是中等大小的毛笔。

　　我的书法老师教学生拿笔的方法很特别，与一般方法不同，他要求学生拿笔时食指、中指、无名指要并拢。他认为这样拿笔可以灵活地调整笔的角度，比如当写到笔触有点扁了，就可以适当将笔转动，这样一转笔就不会扁了。这样拿笔，灵活度就大多了。这样拿笔的人，许多是出自我老师的门下。有些人可能会觉得要控制好笔是一件不容易的事，我也曾有过这样的想法，所以还曾经请一位老先生帮我写过两个字——"怨笔"，埋怨笔不好。

蔡先生讲解他的拿笔方法

　　除了各种书画工具，书画店里还有不少人的墨宝，比如张大千先生的题字。店中挂有一幅《结翰墨缘》是我老师写的字。大家还找出了我的一幅《福》字，但我自己并不满意这幅字。我写字的态度不认真，所以在落款时从来不写"蔡澜题字"，而是写"蔡澜墨戏"，用墨来玩游戏。

蔡澜墨戏——《福》

　　说到写字，书法要写好，总是要不断练习。建议烦恼时写《心经》，写完就不烦恼了。有种《心经》字帖，把白纸铺在上面，照着描就可以了。书法作品是思想的表达，所以写字时，要将自己的思想由大脑通过肩、手臂慢慢传递到笔上，并把笔当作是手的延长。写的时候，要控制好手中的笔，而不要被笔控制，一定要克服对毛笔的畏惧，慢慢地写。你可以这样想，毛笔就是个写字的工具，我一定能用好它。

蔡先生写《心经》

【追踪十三妹】

我带着贝儿和林莉来到香港中文大学，这一行的目的是探寻香港本土文学作品和历史。来到中文大学，大家就被一座雕塑吸引住，这是台湾艺术家朱铭的作品，叫"仲门"。

走过雕塑，不一会就来到目的地——中文大学图书馆。书海无涯，每次到内地的书店更有此感！若要找香港文学作品，还是到香港中文大学图书馆里的香港文学特藏馆，那里详尽地收藏了香港文学作品。

朱铭作品"仲门"

进入馆内，琳琅满目的书籍整齐有序地排列在书架上。在一条过道上，摆放着一个展示柜，里面展出的是《中国学生周报》。这是影响了很多人的一份报纸，它创办于20世纪50年代，是当时唯一一份专门为学生而出版的报纸，这份小小的报纸不知激发了多少年轻学生的写作兴趣。

现在的报刊，专栏是其中的重要部分，我自己也为相关的报刊撰写专栏。说起专栏，不得不提专栏界的开山始祖——十三妹，她是最早把自己的文章刊登在报纸里的作者。在馆内，有许多旧报纸的复印版，里面就有不少十三妹发表在报纸副刊上的文章。比如这份《新生晚报》里就有十三妹专栏。如果想找这些报纸的原版，就要到冯平山博物馆去。

《中国学生周报》

　　贝儿看到这些复印版上的字那么小，感觉阅读起来有点费力。如果觉得小的话，可以去复印放大。现在图书馆致力于把这些历史资料做成胶卷，这样便于将原版放大缩小。

　　说回十三妹，由于她很少公开露面，所以大家对她的了解有限。中文大学中国语言及文学系的樊善标教授表示，根据目前的研究所知，十三妹身高不高，曾任职于航空公司，不是空姐，但具体职位不详。她与陈纳德将军的遗孀陈香梅女士是好友。离世时，十三妹大概50岁。此外，十三妹的专栏主要存在于1960～1970年10年间。在专栏中她会介绍一些外国的作者，例如海明威、沙岗以及他们的作品。

　　中文大学图书馆里收集了所有香港作家的作品，所以在这里香港作家的作品应有尽有，除了书籍，馆内还收藏了不少影视作品。现在的电视剧、电影大都制作得不够严谨。像以前拍一部关于60年代的电影，制作时，导演到图书馆找资料，经过仔细的考究后，重塑了60年代的场景，如汽车、服装都还原成当年的模样。黑泽明先生也是非常用心地拍电影的。在他的电影里，甚至一个酒瓶，他都要清楚地考究是否属于电影中所拍摄的年代。

十三妹专栏

【漫画家的收藏】

这次，我们要拜访一位香港知名漫画家。这位漫画家，住在闹市中一座很怀旧的建筑里。住在这样的建筑物里，感觉不像在香港了，这才算得上豪宅！

祁先生是香港著名漫画家，近来转做古玩生意。所以刚进门屁股还没坐热，我就建议祁先生介绍几件有意思的玩意。热情的祁先生毫不吝啬地拿出几件自己收藏的珍品，开始向我们一一介绍：

蝴蝶形糖果盒

"这是一个蝴蝶形漆器糖果盒，设计很精致，盒子里面还有小格呢！如此精美的糖果盒，即使是春节我都舍不得用啊，怕用破损了。

"这个是黄花梨轿盒，又叫轿箱①，是女士的宠物。它是明式家具的设计，简洁的线条令人喜欢。在黄花梨木上有少许白铜的装饰，箱子两端的设计还可以把它正好放在轿杆上。打开盒子，里面可以放东西。我是被它的设计吸引而买下的，之后才知道它的用途。

"这个是长竹枕，它的造型看起来像古琴，这样的设计是为了让女士枕着而不弄乱发髻。"

祁先生介绍长竹枕

虽然最近转做古玩生意，但祁先生对画的喜爱丝毫未减。看过几件家具珍品后，祁先生带我们到他的小画廊参观。之前他买了很多杂七杂八的东西，后来发现最爱的是画，所以就做了这个小画廊。和我一样，他也很喜欢丰子恺。今天祁先生还特地多摆设了几幅丰子恺先生的画让我们欣赏。

最先介绍的是《小亭闲可坐，不必问谁家》。祁先生说："起初，我是把这幅画放在我的漫画工作室的，忙得不可开交的时候就看看它，觉得画中的意境十分惬意，同时也告诉自己要休息一下。有一次，黄霑先生到我的工作室，看到这幅画就夸我：'小祁，你竟然有丰先生的画，真有品位。'黄霑先生的话也激发了我进一步研究丰先生的画作，现在我已经收藏了丰先生一系列的作品。"

轿箱

丰子恺作品《庆祝最后的胜利》

接着，祁先生又分别介绍挂在另一面墙上的几幅画："这幅是丰子恺先生的《庆祝最后的胜利》，表达了日本人投降后他的开心之情。后来，我有缘认识了丰先生的女儿，她为我题字并讲述了这幅画背后的故事。

"这幅是《元旦》，所刻画的场景反映那个贫富差距很大的时代。不过我们这个时代也存在着同样的问题。

"那幅《小灶灯前自煮茶》，描述了主人公在灶前煮茶的场景，多写意！每次看到这幅画，我就会想起蔡先生，因为蔡先生也是个很写意的人。这幅画也编入了我所编辑的丰子恺画册里。"

目前，祁先生已收藏超过100幅丰老师的画作，近年还将其画作编辑成书。除了墙上展示的几幅，祁先生又拿出了编辑入书中的另外几幅画，这是几幅丰先生画在硬卡纸上的画，例如《凤头鞋》。

看到这么多丰先生的画，每一幅都很漂亮，都在诉说着各自的故事。每一幅画都蕴含着"禅味"，很有"一花一世界，一叶一如来"的感觉。

注释①

轿箱，长方形箱盖，槽口向外凸出。箱体分成两部分，上部与箱盖十分吻合，下部的两部均向内凹。此类木箱轻巧灵便，多放在官轿之中，凸出的两端多搭在轿杆儿上。箱子上半部较长，可以放纸张或卷轴之类，下半部较短，可以放官印或毛笔应用之物，十分便捷。

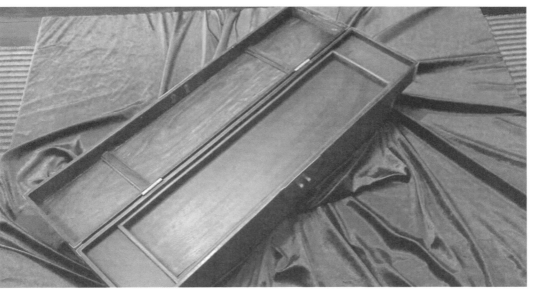

打开的轿箱

【一乐也】

我自己经营了一家楼上店，主要出售具有艺术感的商品，店名"一乐也"。店里的艺术品大多是到内地寻找的，主要是搜集那些年轻、有潜力的艺术家的作品。比如杨逸丰的作品，有一件作品上的鸡毛是他一块块黏上去的。这里还有几件他的作品，都做得很不错。他很有天分，可惜未成名就因车祸英年早逝了。

进入店铺看到的几个相框是名人手稿，有倪匡先生的、区乐民的、左丁山的，当然还有我的。有很多书迷专程来此购买这些手稿。现在都用电脑写稿件，手稿就越来越少了。我是坚持用手写，这样可以拿来卖，把店铺赚到的钱捐给儿童癌症基金会。

一乐也

木雕作品《十戒》

墙上挂着的《挥春》是我在春节时写的。还有一幅《食极唔肥》①可多人喜欢了，这也是店里卖得最好的。书法要多练习，练得多了，写得好了，就可以成为谋生的工具了。人懂的东西多了对自己会更有信心，也不会惧怕人老后无以为生。

这里的很多作品出自电影艺术界人士。有曾江先生画的《香江我见》。曾江先生从事建筑业，所以画画得不错。还有台湾著名漫画家朱德庸先生的画作。

凯敏很喜欢身旁的一个雕塑。这个根雕作品叫"十戒"。这个树根是与一块石头连在一起挖出来的，所以就创作了"人抱着石头"这样的造型。

葫芦 　　　　　　　　　　　　　　　黄石元先生的作品《无事》

　　店里也收藏有一些怀旧的东西。比如可以调整长短的吊灯，现在很少见到了。以前，爱打麻将的人，家家都有一盏这样的灯。把灯拉下来，就可以坐在下面打麻将了。

　　也有旅行时看到的好东西。比如对治疗皮肤创伤很有效的马油；打了结的葫芦；还有特别的锅铲，上面画了画的，是尊子先生的作品。尊子先生是一个很有创意的人。

　　像这种锅铲一样，只是加上一些点缀，家居用品就会变得很特别了。若是平常在家里总能看到这么有趣的家居用品，人就会觉得开心。

　　最后，凯敏说进门看到了一个有趣的和尚，吸引住大家的注意。这个是"无事"，是台湾木刻家黄石元的作品。我却称它为"大丈夫"，与日语里"没关系"的发音相似。因我很喜欢黄石元先生的作品，所以他又送了我一个小和尚。

　　小和尚的表情很辛苦，估计是在修行吧。

注释①

粤语方言，意思是"怎么吃都不胖"。

蔡先生三人在"一乐也"

品位生活 『博览馆』

通过这一章，大家可以了解我的生活品位，了解我对奢侈品的看法，知道品位是来自热爱生活的人的经验，而不仅仅是用钱堆砌的。希望大家能够喜欢我的品位。

【明式家具】

香港的中环，现代而时尚。然而，在林立的商业大厦之中也能找到另一番天地——这里充满传统的中国色彩，这里就是我钟爱的明式家具店。

明式家具，顾名思义就是明代的家具。一听到眼前的椅子原来是历史久远的珍品，林莉禁不住问："这能坐吗？"当然能坐。能坐、能用的才是明式家具。这个叫明式圈椅，完全是根据人体构造设计的，坐下以后双手自然靠在扶手上，很舒服。

明式圈椅

我只是略懂皮毛，接下来要介绍明式家具的是伍嘉恩女士。她自20世纪70年代收藏明式家具以来，经过不断钻研，现已成为明式家具鉴赏专家和收藏家。首先她介绍的平头案是明式家具中的代表作。所谓的平头案，是因为它是平头的。在庙宇里常见到翘头神案，则叫翘头案。而且，为什么叫"案"？因为"案"和"桌"是不同的，"案"腿的位置是缩进来的，"桌"腿的位置是顶住四角的。案上之所以有一条坑道，是因为热的时候木头发胀，这坑道可以防止木头裂开。另外，这整张桌子都是用榫口①入榫的。林莉听着介绍，心生疑问："这平头案是用黄花梨木做的吗？" 伍小姐回答："对，其实留传下来的明式家具，99%都是用黄花梨木做的。这种木材硬度高，所以才能历经三四百年留传下来。"她指着案腿顶部一个特别的图案，接着说："你们看，这是很特别的花形牙头。在经典的平头案设计中，一般用耳形牙头。而这张有花形牙头，是很少见的，因此倍受收藏家追求。"

平头案

花形牙头

耳形牙头

　　一般人认为，明式家具通常是以简单线条为主，但其实在明代家具里，有简约的家具，也有华丽雕饰的家具，但是用黄花梨木做有雕饰的家具难度高，所以数量不多。在黄花梨木这么硬的木材上能有如此精致的雕饰，着实需要工匠有深厚的功力。据文献记载显示，使用这种家具的都是宫廷或大宅，因为这种木材是进口的，价格昂贵，而且只有一级工匠才有资格用这种珍贵木材做家具。

　　我半躺在一张有精美雕饰的架子床上，享受着这张珍贵而又舒服的床。在那个时代就有软垫，真是了不起。

　　旁边的木轴柜也是典型的明式家具。柜门上下有伸长的木轴伸展到柜框里面，类似骹②一样。打开柜门，可以看到木轴。所以木轴柜是不用螺丝或铁的。整个柜子简约大方，给人一气呵成的感觉。而木轴柜的设计体现了中国明式家具的创造性，它甚至影响了20世纪欧洲家具对柜子的设计，很多名家的灵感都源于明式木轴柜的设计。

南官帽椅　　　　　　　　　架子床

蔡先生躺在架子床上　　　　　　木轴柜

　　在看过了椅、案、床、柜后，我最后为林莉和郭羡妮介绍自己最喜欢的一件家具，叫南官帽椅。它看似简单，其实它却是上圆下方，这是我最欣赏之处。下面椅脚是方形的，而上面的"椅手"却是圆柱形的，而且它是用一块木造的，因此也很坚固。坐在上面，可以想象几百年前的古人就是这样坐着的。而现在，我们也这样坐着。

店名：嘉木堂
地址：中环亚毕诺道3号环贸中心701室

注释①

榫，竹、木、石制器物或构件上利用凹凸方式相接处凸出的部分。框架结构两个或两个以上部分的接合处。

注释②

骹，轴状物体较细的部分。

【麻将——万变不离其宗】

隐匿在商业大厦中有一家店铺，这是一家有趣的麻将专门店。

进入店铺后，我发现今天老板不在，于是得意地说："今天我做推销！"最基本的是这种——广东麻将，就是大家在麻将馆里常看到的。它的体积比较大，比以前一些人玩的上海麻将大很多。日本人叫它'木屐牌'，寓意像木屐一样大。因为体积比较大，所以打广东麻将比较有气势。但因为玩的时候，输的三家都要给钱，一些人觉得不公平，所以大家开始喜欢打台湾麻将。台湾麻将的体积比上海麻将大，比广东麻将小；而且台湾麻将可以连庄，就是如果赢了可以一直赢下去，按照这个规则，最后一圈最后一局还是可以赢回来的。上海麻将和广东麻将都没有这个规则，所以现在喜欢打台湾麻将的人也越来越多。

说起麻将，朱茵回忆起自己小时候，很喜欢听打麻将的声音。因为打麻将就意味着要么刮台风，要么节假日放假。这个时候，大人们打麻将，小朋友们就可以去玩了。朱茵的回忆让我也想起了小的时候，也希望大人们打麻将，然后自己可以出去玩。

一旁的郭羡妮则想起了别人说的打麻将很能体现人的真性情。我当然赞同，我妈妈也说，如果想娶谁做老婆，先叫她打几圈麻将，从中可以看到她的个性和为人。

麻将不仅在中国流行，在世界许多地方也流行，而且在不同的地方还会有一些有趣的规则。像新加坡麻将，它的特别之处是麻将里有"人头"和"飞"这两张牌。"飞"可以"吃人头"，叫做"飞人头"。 如果我的"人头"被"吃"之后，我就没"番"，而你就有"两番"。此外，麻将牌里还有"猫"、"老鼠"、"鸡"、"虫"等。这几张牌跟"飞人头"的道理一样，"猫"可以"吃老鼠"，"鸡"可以"吃虫"。

马来西亚人打麻将比较文雅，麻将牌里有"琴"、"棋"、"书"、"画"、"渔"、"樵"、"耕"、"读"等。我们常见的麻将牌图案，手摸就可以辨认出来。但这种有点难度，打这种麻将几十年的人才能摸得出。

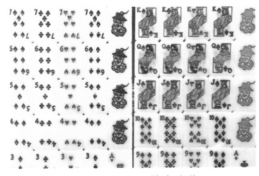

扑克麻将

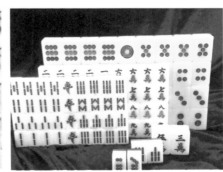

广东麻将

155

加拿大的麻将牌里面有"花"、"元"、"喜"、"合"、"筒"、"索"、"万"、"总"等，这几张牌是百搭的。这几张牌上有心形、星星形状的，叫"心想事成"，就是你希望它是什么牌它就可以充当什么牌。

看着我对各地的麻将那么熟悉，郭羡妮问我："蔡先生，你这么了解麻将，看来你很喜欢打麻将啊？"我是喜欢打麻将的，可是没人跟我打，因为我打的注码很小。而且我一般都输钱的，这是因为我觉得三个人陪我打牌，还要赢别人的钱，陪我的人很可怜啊。不过，在日本的时候，我打牌就一定会赢。为什么呢？因为大家都坐在榻榻米上面，他们都坐不惯，但我坐得习惯，所以我一定会赢。

不仅麻将的规则多样，现在的麻将也是做得越来越多元化。现在，连扑克也做成麻将了，这些麻将上都是扑克的图案。还有一种好像"千层糕"一样的麻将。你想做成什么形状，师傅都可以按你的要求做。

现在麻将也讲究包装。很多人喜欢台湾麻将，所以一些人把麻将当作礼品送人。以前都是用塑胶箱装麻将，现在都用精美的铁箱。这里有专门的尺子用来丈量叠的牌够不够放。把全部麻将放进去，做成礼盒送人。这种礼盒800元左右。

这里用有"美女"图案装饰的精美木盒装着的也是广东麻将，但它是竹制麻将。古人称打麻将为"竹战"，就是这个原因。这些是筹码，现在日本人也还会用这些筹码。

一旁的朱茵目不暇接地看着我介绍的各式麻将，突然注意到其中一副麻将有张"白板"上有一个字母"P"。原来是因为这副麻将里有张真正的"白板"，牌上什么图案都没有。为了区别，在有图案的白板上就加了一个"P"。

各式各样的麻将让随行的羡妮大开眼界。可她也有些担心公开介绍麻将会不会对小朋友有不良的影响。

工具本身是没有错的，全世界、全香港到处都有人打麻将。现在小孩子很聪明，不是那么容易被教坏的。而且，我们也是在大人们打麻将的熏陶下长大的，不是也没学坏吗？

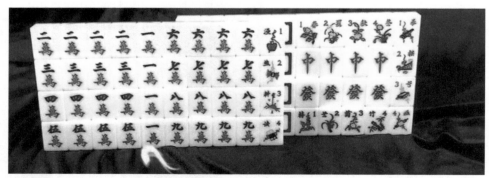

马来西亚麻将

【纯手工制作的裙褂店】

　　我喜欢传统的东西，每当看到那些旧式的新娘衣服，都觉得很有吸引力。这次我们就来到一家裙褂店。门口展示的漂亮裙褂是纯手工缝制的，这样的衣服现在很少了。我觉得新娘的衣服不应该用租来的，租显得吝啬了。"对啊，穿完之后可以留给下一代。而且手工制作的衣服，是可以保值的。"身旁的林莉应和道。

　　我们三人走进店铺，只见店铺内陈列着各式裙褂，金五福、大五福……琳琅满目。林莉指着其中的凤冠问："结婚时，是不是一定要戴凤冠呢？"老板告诉林莉有些人是要戴凤冠的，比如新界的原居民，他们拜祠堂的时候就要戴。

各式婚庆裙褂

马辰席

郭羡妮摊开手边的一张席子，摸了摸说："这席子很舒服啊！"原来，这是马辰席，现在可要1500元一张。马辰是印尼的一个地方，与新加坡隔海相望。这个地方出产这种席子。好的马辰席中间是不会断的；而睡在不好的马辰席上面，那就是煎熬。

不过，我不明白的是为什么卖传统婚庆用品的店铺，一定会卖马辰席。"因为以前没有空调，为了睡得凉快一点就买一张席子。"老板的话一语中的，解答了疑问。

来到裙褂店，当然少不了让林莉和郭羡妮两位去试穿裙褂。不一会工夫，羡妮穿上了裙褂，衣服上的线石鎏金红龙凤是用金银线刺绣的，并镶了人造钻石和珠片。而林莉戴着成排的龙凤手镯，穿着绣得密密麻麻、有点胀鼓鼓的密地金五福。后者的这套裙褂有"褂王"之称，更是镶嵌了真金和钻石，它大约3万元，而且还要提前一年定做。

各式的裙褂，代表了中国对传统婚庆习俗的重视。在西式礼服横行的今天，穿上一身裙褂，不仅可以感受古人婚嫁习俗的点点滴滴，还能体会以前女子出嫁的百般滋味。穿着这种裙褂，要宽一点，才能显得珠圆玉润，这样，现代女子结婚时穿这样的衣服，可以不减肥的，因为它可以遮掩胖的地方。

最后，我们要去看两件镇店之宝，一件绣满金丝银线，奢华无比，另一件则素雅简单。奢华的这件衣服，最少有60多年历史了，是非卖品。衣服前面的两条带子叫"子孙带"，寓意着"子孙满堂"。与奢华的那件相比，另一件镇店之宝就普通得多。但是这件衣服的绣花，做工很精致，而且这种手工工艺可能已经失传了。

【喜庆又保值的结婚金饰】

结婚一定少不了金镯子。除了平常的龙凤手镯，今天我带着郭羡妮和林莉来到金饰店，看各种特别的结婚金饰。

金饰店分店经理花港生先生拿出几件设计独特的金饰，向我们介绍道："这对浮雕设计的，具有立体感；这对大点的，有三两重。另外，这个名为'家肥屋润、五福临门'的挂饰，其造型为一只母猪在哺乳五只小猪崽，很可爱。"

婚庆金饰

大婚买金饰，除了是对新人的祝福外，另一个原因是这些金饰可以保值。当需要钱的时候，可以把它熔掉，按市价卖回给金饰店。金的外表与铜有点相似，但因为金稀少，所以很珍贵。以前，犹太人会随身带上一粒粒的金子，有的甚至藏在裤带里，以备不时之需。同时，也因为金具有保值作用，所以大家都喜欢收藏或用来投资。不过，说到保值实用，可以考虑直接购买金条。而店里也有各式不同重量的金条，半两、一两、五两等供客人选择。而且，由于香港的金饰不会混合其他的东西，比较纯，所以不少内地同胞都来香港买黄金。

蔡先生戴着金饰"家肥屋润、五福临门"

蔡先生看各式婚庆手镯

【名贵钻饰专门店】

边走边聊，不一会儿我带着朱璇和凯敏两位美女来到一家钻饰店。看钻石一定要来这家店。

女人爱钻石，看到朱璇和凯敏见到钻石眼睛都发亮的样子就知道了。女人看见钻石，开心是应该的。而年轻的女人，因青春靓丽，则不需要钻石点缀。但一旁的凯敏说："尽管如此，可我还是很喜欢钻石！"

钻石店的营业经理董先生见到我们，忙为大家展示店里的钻饰。来到一个饰柜前，他说："这个旋转饰柜是由我们老板Laurence Graff先生设计的。饰柜里这个系列的钻石，都是水滴形状的，很立体。"这种设计，切割时会耗用很多钻石。虽然它上面有几十克拉的钻石，但与成颗钻石比起来，还是要便宜多了。

一些人对钻石有认识误区。其实买钻石除了看钻石的重量，还有很多考虑的因素。所以，人们所追求的不仅是买得起钻石，也要懂得钻石的艺术价值，尤其是在切割、设计中体现的价值。接着，董先生向我们展示其中的两条钻石项链：一条价值1440万元的铂金三行白钻项链，是由大大小小切割成不同形状的钻石组成的；而另一条铂金完美白钻吊坠项链，虽然钻石较少，但是其中有一颗完美的大钻石，所以价格要1850万元。随后，董先生拿起一条绿宝石项链，说："这条项链绿宝石的颜色很深，玉质通透，宝石和钻石加起来大约100克拉，但比同样重量的完美钻石要便宜多了，只要785万元，此外还有价值200万元的绿宝石耳环相配套。"

看了几款白钻项链，董先生又给大家介绍了几款彩钻的指环："这款是价值2490万元的1.05克拉红钻指环，红钻比较罕有，目前世界上最大的红钻也不过5.11克拉。这颗价值4910万元的铂金完美白钻指环，20.2克拉重。这颗全美[①]钻石，它的比例和镶工都是最好的。这颗是价值3010万元的37.69克拉黄钻指环，这么大的整颗黄钻是世上罕有的。"

旋转饰柜及钻石

特别的彩钻

　　无论是白钻，还是彩钻，都让两位美女看花了眼，恨不得戴上了就走，所以一旁的凯敏说："董先生，记得把我试戴的脱下来！我自己是舍不得脱的。"一般人会认为花几千万元买颗小彩钻，不如买颗大的全美白钻，但是懂行情的人却不以为然。董先生说："因为除了白钻，其他颜色的彩钻都是十分罕有的，它们的升值空间更大。"

　　尽管如此，通常人们买第一颗钻石时还是会买白钻。而且，如果等升值了拿去卖，就说明你在倒霉了。正如董先生所说的，珠宝首饰只会越买越多，怎么会卖呢？

　　一般都是男人买钻石给女人。若我们男士买给自己，就是买名表。董先生边展示手表边说："这只是陀飞轮白金腕表，它的陀飞轮很特别，因为机芯是自动机芯，乍一看好像有颗钻石。"只是，这只表，除了要有钱买，还要有力气戴。你看，这么重的表戴在手上，如果不是大力士的话，很容易得五十肩[2]。

　　我一直以为很少香港人来这里买钻石，没想到来这里买钻石的客人中香港本地人占了40%。在巴黎、伦敦的钻饰店，有来自世界各地的客人。可这里竟然四成的客人都是本地人，可见香港的富豪们受金融海啸的影响并不大，而且他们中还有很多人是懂得欣赏钻石的。

　　钻石的价值不仅是因为本身的储量少，还有更多人为赋予的价值。钻石若落到不懂欣赏的人手里，对它真是莫大的浪费。

注释①

全美，钻石净度、切工等都是非常难得一见的完美钻石。

注释②

五十肩是指冰冻肩，是肩膀关节的活动角度降低，肩膀就像被冰冻住了一样活动不便，医学上的专用名词是"粘黏性肩关节囊炎"，因好发于40～60岁左右的中年人，因此又俗称为"五十肩"。

【人造钻石，亦幻亦真】

看过天然钻石，接着带大家去看人造钻石。

来到人造钻石店，市场营业经理张小姐介绍道："我们店铺是从美国进口人造钻石，人造钻石是把天然钻石和宝石打散，再人工融合而成的。因为里面有天然钻石的成分，所以它的火彩①跟天然钻石是一样的。"的确很闪，一般人是看不出与天然钻石的区别的。

一旁的朱璇问："用这种技术，可以做出任意大小的钻石吗？"市场营业主任田佩君小姐说："技术上是可以的，但是我们还是会根据客人的需要来做的。目前店铺里最大的人造钻是8克拉，价格70000元。""前两天有两颗16克拉的钻石，已经被客人订购了。"张小姐补充道。其实，人造钻石，技术上可以做得很大，但是如果做得太大，例如50克拉，客人也会觉得太假。

人造钻石与天然钻石相比，价格十分便宜，一克拉只要8800元；照这样计算，店里5克拉的钻戒不过4万多元，10克拉的钻石耳环，一对98000元，而且上面碎钻装饰还是天然钻石，与天然钻石比起来，划算很多。

尽管人造钻石的仿真度很高，但是朱璇说："希望以后向我求婚的人不要买人造钻石。" 如果你不了解一个人的为人，可你还嫁给他，那你当然活该受罪！一旁的张小姐则提起去年圣诞节时，他们有一个客人，买了几只，送给老婆和情人们。

现在的技术能够把人造钻石做得跟天然钻石一样，而天然钻石那么贵，应该买天然钻石的人会减少了。一些客人，尽管能买得起天然钻石，但也会买价格便宜的人工钻石，因为这样就可以拥有很多不同款式的钻石。而对于天然钻石，就买几颗放在保险箱里，以便留给子孙。

假钻石戴在阔太太手上，别人不会觉得是假的。相反，一个收入微薄的人戴颗真钻，别人也会认为是假的。这个世界就是这样，到底谁真谁假，谁也说不清。

注释①

钻石的光彩，又叫"火彩"。

人造钻石，堪与真钻媲美。

人造钻石的戒指

【名表的品位】

女士喜欢珠宝首饰，男士则喜欢名表，我也有收藏手表的嗜好，但我看重价值多于价格。现在，我要带大家去看极品的名表。

这家店有很多款式的手表，而且非常有信用，因此我时常带老朋友来这里。店铺的资深客户顾问王腾达先生（Louis）从展示柜里拿出了三款名表。在听到王先生介绍的价格后，郭羡妮就好奇地问："为什么最右边这款，看起来并没有中间这款镶钻的华丽，但却比中间这款昂贵那么多呢？"原来，三款中最贵的这款，叫三问表，它的功能是最齐全的，不仅有万年历的功能，而且还有全世界最复杂的"三问"功能，所以即使没有镶钻也比那些镶钻的表要昂贵许多。

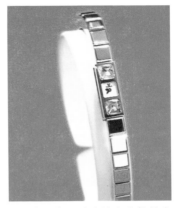

列入吉尼斯纪录的最小的机械表

所谓"三问"，就是它能用声音报时，报时分三段，第一段报小时，第二段报刻（即15分钟），最后报剩余的分钟数。王先生为了让林莉和郭羡妮等人明白三问功能，即场让三问表报时。表先是"叮叮"地连续响了两下，代表两点，停了一会后又"叮叮"地响了两下，代表三十分钟，稍停后连续"叮"了十三下，代表剩余的十三分钟，所以根据表的报时，现在是两点四十三分。

除了三问功能，手表还有不少特别的设计，例如陀飞轮的设计，就是为了解决地心吸力造成的误差而发明。因为构造复杂精妙，所以价值非常高，极受收藏家欢迎。尤其是这几年流行名表，在杂志和广告的宣传下许多人开始收藏名表，认为小小的东西值几百万，又保值。我对此不完全赞同，如果是行家，懂行情，这种收藏投资不失为一种好的方式；但若并非真正懂表的价值，不如投资房子，手表是没有房子保值的。

看完了男装表，王先生又从展示柜中取出两款女装表。一款是外形较大，镶钻的，价值500万元；另外一款是一只像手镯的表，价值43万元。

这只大的钻石表，镶的是真钻石。你若有钱，买一个送给女朋友，只能说明你有钱，但并不意味着你的品位高。相反，这只43万元的表，却体现出品位，因为它是世界上第一只最小的手表。原来，这只小小的表一点也不平凡，它机芯的重量只有1克，它以"世界上最小的机械表"而列入吉尼斯世界大全，这个款式与英女王加冕时所佩戴的手表款式是一样的。

所以，这个款式已经有100多年历史。识货之人一看就知道这是好东西，它的品位优雅。这两只中，你们喜欢哪只呢？其实年轻的时候不用收藏太贵重的东西，女人通常年纪越大越喜欢收藏贵重的东西。看，这只小手表，若作为礼物送人，则能显示出送礼物的人有品位；而收礼物的人若识货，就会很好地珍藏它。

【床的渴望】

床是重要的东西，要伴随人一生的。一个人如果能活到80岁，则有30多年的时间在床上度过，所以床是很值得投资的。今天，我特地带着朱璇和邱凯敏二人认识每日陪伴我们进入梦乡的床。

首先，我们来到一家专门售卖床的门店，各种床映入眼帘，但单看外表并看不出有什么特别之处。总经理邓德华先生介绍，这里的床都由四层不同的材料构成，由下往上分别是：粗弹簧层，袋装独立弹簧层，棉花羊毛层，马尾毛层。睡觉时，人会出汗，马尾毛可以防潮吸湿，所以睡在一张有马尾毛的床上，人会感觉干爽。即使在炎热的夏天，也会觉得凉快。

床的截面显示出四层不同的材料

这样讲究的床，睡着当然舒服，只是价格也不菲。门店里最便宜的单人睡床，价格也要148000元。

邓先生带着大家继续深入店内，在一张带按摩功能的双人床前停下来，原来，这是我正用的那款。这种床带有按摩功能，躺在上面可以完全放松，十分舒服。床头是可以调整的。坐在床上看书时，按一下按钮，可以把床头调到合适的位置；看累了，睡觉时再调低。睡垫也非常重要，在床上加一层睡垫，会比较厚实，躺在床上不会觉得太软。

再看看店中最昂贵的床——蓝色的至尊双人豪华睡床。邓先生告诉我们这张床要80万港元，它是全手工制作的，所用的材料是顶级弹簧、棉花、羊毛和马尾毛。如果订购这张床，最少要等半年。一旁的凯敏说："有些名牌的女士皮包都要几十万呢！与其买那么贵的皮包，不如买张舒服的床！" 80万！可以买一辆好车或是十分之一的游艇，但是买了这张床可以睡个好觉。如果负担得起，花大钱买一张舒适的床是值得的。为什么不让自己享受享受呢？要是人能活到80岁，80万元的床，平均1年花费1万。

这张80万的大床，躺下去才知道它弹力十足，如果用力地坐下去，床还会把人反弹起来。只是，这种弹性很强的床会不会很快用坏呢？邓先生说不用担心，这张床可以保用25年。

这张是蔡先生的床。

　　这张床美中不足的地方是不可以从中间分开，还是那种分开的好。如果夫妻吵架了，可以把床分开，各自冷静冷静。英国人结婚20年后，有些人就会分房、分床住，到那时这种可分可合的床的优势就发挥出来了。"我提议，刚结婚甜蜜的时候，可以买不可分的床；结婚时间长了，再买可分可合的床。"邓先生还真会做生意，真是巧舌如簧。

　　看完这张80万元的豪华大床，再去看看价格实惠的大众化床褥。我们来到另一家床褥专门店，与刚刚的"豪华床"相比，这里最贵的一张双人床褥只要6500元，采用独立袋装弹簧，挺柔软的。店里最便宜的是一张960元的单人床褥。"这个床褥和我的一样，很小。"朱璇说。我小时候，睡双层床，也非常小。像她们这样大时，也是睡很小的床。其实，睡得舒服就好。

价值80万元的床

【丰俭由人的餐具】

餐具也可以很讲究，但必须深入了解餐饮文化，才能明白餐具设计的意义。否则杯子就只是一个杯子而已。

来到一家高级的餐具店，进门就被一只精美的水晶杯吸引住。这些古典水晶杯，上面的雕饰是由制造者精心雕刻的，有一些还镀了银或镀了金的。这只4600元的金古典水晶杯，杯沿上是镀了金的，还有手工绘制的美丽花纹。

进一步往里走，见到各式西式的餐具，真是包罗万象，应有尽有。我指着桌上一套黄白金瓷碟，说："这可是全手工制作的。"或许也正因为这个的关系，这套餐碟价格可不菲：小的要3880港币，大的要4700港币。真怕自己不小心摔坏了！一旁的凯敏更是说："蔡先生，你不用害怕，怕的应该是我们。"

黄白金瓷碟

不远处，见到另一些水晶杯。这些是干邑水晶杯，与普通的不同，但是只是看是看不出来的。但如果拿起两个杯子，轻轻地碰碰杯身，就可以听到清脆的"嗡"一声，这是由于共振而发出的声音，这种声音会持续很久。但要注意，碰的时候千万不要杯沿相碰，因为杯沿很脆弱。

世纪皇室的御用烛台

　　接着，一套40000元的复刻版纯银餐具出现在我们面前。纯银的刀叉上有手工雕刻的图案，而且这些图案都是按文艺复兴时期的样式设计，难怪要这么贵。

　　法国有一家以血鸭闻名的餐厅，餐厅使用的机器就是这家公司生产制造的。这是一家历史悠久的公司。这里还有一个被称为"镇店之宝"的烛台。这个烛台价值50多万元，是19世纪皇室的御用烛台，全部是手工制作，工匠们花了100多个小时才做好的。烛台完全遵照当时所使用的烛台形状而设计。若不懂得欣赏，就买下这么名贵的烛台，对烛台对自己都是莫大的浪费。

　　原以为这家餐具店里都是西式餐具，没想到在店里的一角，我们看到了不少筷子。我指着其中几双筷子介绍："为了迎合东方人的餐饮习惯，这家公司也专门设计了一些中式餐具。如这双银莲花乌木筷子，要1400多元，筷子的颜色就是乌木的原色。还有这双1200多元的非洲乌木筷子，虽然看似简单，但却反映出这家公司设计的特点，一看就知是这家公司的出品。还有这双820元的仿象牙筷子。以前这种筷子是用象牙做的，但因要屠杀大象，太残忍了，所以现在都用树脂代替。"

　　但是，这么昂贵的餐具，实在不是一般人能负担得起的。不过，在香港买东西，总是有贵的有便宜的，任君选择。接着，我们来到另一家平价餐具店门前，只见门前摆卖的大大小小的杯子、碗、碟不过几元一件，真是便宜。

大大小小的便宜餐具

想买更便宜的，可以到内地去。因为香港的这些餐具都是从
内地进货。但为了几块钱的东西，跑到内地去，多麻烦！这
里的餐具应用尽有，价格也不贵，要想开餐厅，到这里采购
就好了。

再仔细看这里的餐具，筷子八元一盒，十双；刀叉，
四五元一只；还有以前常见的有公鸡图案的餐具，像公鸡
碗、公鸡杯、公鸡茶壶，也不过几元到十几元不等。

所以说，丰俭由人，任君选择。

有公鸡图案的餐具

【充满暖意的羊毛时装店】

马上又到圣诞节了，就跟随我看看充满冬日气氛的服装。

这是一家不错的时装店。刚进门，我就被里面的围巾吸引了："看，围巾！我喜欢大一点的围巾，披着有气势。"这是百分百的羊绒围巾，要12600元。但是，如果可以用一生一世的话，也不算太贵。还有这条灰色的，价格为14800，摸起来质感比较特别，是用丝和开士米羊毛编织的，把这两种材料编织在一起，围巾不容易脱落。

说完，我和朱璇分别选了一条黑色、一条玫红的围巾戴上。不过看来是我选的更好看一点，一旁的朱璇有点"觊觎"我戴着的黑色围巾，嚷嚷着要交换。

最好围巾的材料，是藏羚羊的毛。但是现在藏羚羊遭到大量偷猎。如果在欧洲，如果你戴着藏羚羊毛的围巾，就会遭到环保激进分子的谴责，甚至会被泼油漆。

现在，在允许用于做衣服的众多动物毛里，最好的是骆马毛。骆马来自秘鲁，用它脖子上的毛能织出非常柔软的布，是上好的衣物布料。秘鲁政府颁布了相关政策对骆马进行了保护，只有与政府签订相关的契约，才能获取骆马毛。这家店所属的公司是与秘鲁政府签订了合作协议的，所以这家店里有不少骆马毛制的衣服。比如，这件驼色的骆马毛大衣价值20多万。除了骆马毛，还有小绵羊毛。小绵羊毛只在一只羊身上取一次，非常柔软。

除了做衣服，这家时装店还提供一项特别的服务。在店铺的另一个区域，大家发现这家店还可以用最顶级的羊毛和布料做沙发或是编织地毯。这里的地毯都是用顶级的皮毛制作的，每平方米要14545港币。一旁的凯敏说："这么豪华的地毯，怎么舍得踩上去呢？""踩在上面，感觉自己像是踩在奥斯卡颁奖礼的红地毯上！"朱璇则说。

不远处，一张黑色的毛毡映入眼帘，那是一张用栗鼠毛做的毛毡。栗鼠长得和龙猫很像，那张毛毡使用了许多只栗鼠的毛制作而成，要627500元。这个昂贵的价钱，让凯敏和朱璇不禁"哇"了一声。我笑着对两人说："给自己树立一个目标，然后朝着它努力奋斗。成为女强人，就可以为自己买一件。嫁个有钱人也可以的，不过那是最不高明的做法！"

昂贵的羊毛围巾

【自行车海滨骑行】

在西九龙的海滨长廊，有全长1500米的自行车道。面对滨海美景，我当然要带林莉和郭羡妮骑上自行车，畅游一番。

骑行前，首先要去选一辆好的自行车。我专门光顾的自行车店寄卖着我的自行车，专门店的负责人夏伟光先生告诉我："已经卖出去了。你的那架是旧款式，你们如果想骑，就拿这架铝合金的来代替吧！"说着，他推来一辆自行车。我掂量着眼前的这辆，外形和自己原来那辆差不多，车的前面也有篮子方便放东西，但就是看起来有点像女孩子骑的，还是换一辆特别一点的车吧。于是老板推来一辆白色的折叠车，他介绍说这辆车在2009年获得最佳设计金奖。车的前后都是单臂，折起来后体积很小。一般的自行车，链条是露在外边的，而这辆车却不同，并且骑起来链条不会碰到脚。此外，它配备了最新的碟形刹车装置，是内转速的。整辆车的设计非常完美。我决定就骑这辆。

决定了自己的"座驾"后，夏先生也给羡妮和林莉推荐两辆车。夏先生又推来一辆设计比较特别的自行车。车的前轮是由四个小轮子组成的，像飞机前轮的起落架一样，所以这辆车具有很好的平衡性能。而且，这辆车还可以玩街头滑浪车花式呢！

果然很特别！这辆给林莉吧。夏先生又推来一辆镶满水晶的豪华车——这辆价值68800元的车是名牌汽车厂的副产品，整辆车都是用奥地利水晶黏砌而成的，并且可以折叠。面对如此漂亮的车，羡妮爱不释手，毫不犹豫地选了它做座驾。

选好车后，我们三人骑上各自的爱车，一路骑向海滨自行车道。

2009年获得最佳设计金奖

自行车爱好者们都喜欢聚在一起交换信息。我就是从他们那里得知，在市中心有这么一个骑车的好地方。的确，以前在香港骑车都是去沙田的自行车道，现在市中心也能找到这么好的骑车休闲处，真的是要谢谢康文署策划了这么一条海滨骑行大道。

　　我们边聊天边享受骑车的乐趣。羡妮说回内地拍戏的时候，她常买一辆自行车来骑。没想到，做节目也可以骑车，觉得十分开心。一旁的林莉似乎就没那么开心，因为她还没习惯车的平衡方式，直路还好一点，转弯的时候就摇摆得有点害怕。可是骑上车就兴奋的羡妮，完全没有注意到林莉与爱车还在磨合期，大声嚷嚷着要比赛，然后全速冲在了前面。

　　骑了好一会，三人在观景平台上停下，欣赏维多利亚港的美景。对岸是去澳门的码头。那边那栋建筑的楼顶就像剪鼻毛的机器一样；对面的一排建筑则好像一排牙齿，金色的那栋香港会展中心就是其中的一颗金牙，据说会展中心是飞鸟的造型，可我怎么看都觉得像乌龟。

　　香港很多地方都是填海而成的。正如我们脚下所站的地方。如果香港未来经济好，还会再填。或许不久的将来，现在站的地方就会与对面相连了。但这样填下去，香港就没有以前那么舒适了。这也是所有香港人所担忧的。

蔡先生骑着奇怪的车

海滨骑行

【玩具枪 VS 真枪】

　　这次，我要带凯敏和朱璇去见识一种很刺激的东西——枪。

　　有时候，我会到玩具手枪店逛一逛，玩我喜欢的玩具枪。我还会拿着枪在家里乱射。国外有句话"不要让你身体里的小孩长大"。所以，我们要经常玩玩。

　　玩具枪有很多款式。比如M92F自动手枪，就经常会在动作片里看到，是周润发先生常用的。吸引住朱璇目光的则是美国西部大片里常见的SAA牛仔枪与M29.44密林。玩具枪店的负责人告诉我们，M29.44密林是日本出产的，表面的金属是电镀的，枪的仿真度很高。

　　看过枪后，当然要玩一下。凯敏和朱璇试了一下，大赞玩枪真过瘾。不过，凯敏见到射击后满地的子弹，问道："蔡先生，你在家里射击，子弹不是满地都是吗？"我弯下腰，捡起了几颗子弹，回答道："对啊，所以我会弯下腰来捡子弹，当是运动。捡着捡着，小肚腩便没有了，哈哈！"

　　玩过玩具枪，我们要去试试真枪。先介绍两位朋友：周启承先生，枪会枪械弹药牌照持牌人；应占豪先生，枪会执行委员会会员。我们先打长枪，之后应先生再给我们介绍短枪。

　　来到试枪的地方，我拿起Beretta，周先生为我装好子弹，"砰砰"打了两枪，都正中靶心。一旁的凯敏和朱璇都鼓起了掌："蔡先生，好厉害啊！"其实，瞄准静止的靶，很简单。但要射击飞碟，还要请周先生来。我还没有达到能射击飞碟的水平。在错过第一个飞碟后，周先生仔细地瞄准然后扣动扳机发射，子弹正中飞碟，果然厉害！

蔡先生玩真枪

试过长枪，我们要跟应先生去打短枪。来到短枪练习场，我指着其中一把枪，问："这把是SmithWeson？""对，点22口径的半自动手枪。"说着，应先生指着旁边的子弹和枪接着介绍，"这些是点38Super子弹，还有这把是Rugar GP100，可以打357和点38的子弹。"

　　我装好子弹，刚准备关上弹匣，一旁的应先生提醒："注意在练习位置站好后，再关上弹匣。"于是我站好位置，在应先生的指导下试打了几枪。

　　放好手中的枪后，我想起了一件有趣的事：在泰国打靶时，靶的位置是通过摇一个装置来决定的。一般人都会摇到一定的距离，然后打。我去打靶的那天，旁边是一位女士，她把靶摇到距离自己很近的位置，然后拿起枪对着靶心一直打。我很好奇，问她为什么把靶摇那么近，她说我把靶当我老公来打。

蔡先生玩玩具枪

HITACHI

ALARM

開 OPEN

CLOSE 關

LIGHT

FAN

7

15

台湾美食之旅

　　站在台湾最高的建筑——台北101大楼前，有诸多感慨。台北能成为台湾省的行政中心，是受日本殖民时期对行政区划的深刻影响。以前，台北沼泽遍布，在内双溪、外双溪还有很多蛇。现在的台北，到处都是高楼大厦，真是一个繁华的大都市。

【老式上海菜】

　　在香港很难找到老式的上海菜，甚至在上海本地也很难找到。反而在台湾，却能找到。今天，我们就要去尝尝老上海的味道。

　　这家叫"三六九"的餐厅，是最老派上海菜的餐厅，重新装潢后变成像现在这么漂亮。餐厅里的老厨师都相继去世了，现在的厨师名叫陈力荣，他因得老厨师的真传，所以煮的老式上海菜也很不错。

　　首先上桌的烤麸，是最典型的上海菜，它是每个家庭主妇都会做并且常常做的一道小菜。通常，人们把做好的烤麸放进冰箱里，可以随时拿出来吃。烤麸就是一种叫"麸"的面筋，做时把面筋撕开，以便吸收油和味道。传统烤麸的做法，是用手将其撕开，但现在香港的上海菜馆，都是用刀将其切开，一点都不正宗。

　　接下来要尝的是红烧下巴和辣椒塞肉，都是经典的老派上海菜。红烧下巴中的"下巴"就是鱼头，典型的上海菜做法——浓油赤酱，重油重酱油配上重糖。辣椒塞肉，则是把肉末塞进辣椒里酿制而成。

烤麸

蛤蜊炖蛋

吃过"重口味"的菜式，接着吃菜饭，一般的菜饭就是青菜、火腿丝和饭拌在一起，但这里的菜饭下面还有油条，很特别。一旁的朱茵尝了后，说有一股说不出的香味。

蛤蜊炖蛋是经典菜式。把蛤蜊带壳放进鸡蛋里一起蒸，这样蛤蜊的鲜味就可以与鸡蛋充分融合。这么家常的小菜，估计在香港没有人会做。如果跟大厨说要份蛤蜊炖蛋，他可能只会把几个蛤蜊放在蛋上，而不是放进鸡蛋里。在内地，或许只有家庭主妇会做了。这道蛤蜊炖蛋，鸡蛋炖得刚刚好，而且也完全吸收了蛤蜊的鲜味，我好久都没吃过这么好吃的蛤蜊炖蛋了。

最后一道菜是著名的宁式鳝糊。厨师陈先生说刚把油浇上去，吃的时候要再把鳝拌一拌。这道鳝糊，色香味俱全，看着都垂涎三尺，这才是真正的鳝糊做法，十分难得。

```
蔡澜食单·上海菜（二）

烤麸
红烧下巴
辣椒塞肉
蛤蜊炖蛋
宁式鳝糊
菜饭
```

蔡先生向朱茵、林莉介绍上海菜饭

【极品宴】

为了今日的"美食大会"做准备，我和陈先生一早就到菜市场买食材。

这时的台北中央市场已经热闹非凡。刚进市场，我们就见到一些繁忙的身影，而且其中不少人都戴着蓝色的帽子。细看之下，发现蓝色的帽子上有一块醒目的红色，上面有编号。原来，只有有编号的人，才能进到批发区里去批发鱼，散客是不能进去的。说到鱼，陈先生介绍说现在常吃的鱼中，除了鲳鱼、白带、马头是野生的鱼，其他都是养殖的了，黄鱼也是养殖的。我们这一代人现在还能吃到野生鱼，下一代人恐怕就吃不到了。

虽然进不了批发区，但市场的零售区可是对所有人都开放。而且，零售区的水产品都是来自批发区的，所以一样很新鲜。

来到卖虾的摊档，摊主"明虾达人"为我们挑了六只有膏的明虾，说要六六大顺，买够六只。选带鱼时，我认为要看带鱼的眼睛，不过陈先生则说要看它的肚子。马友鱼子胆固醇含量较高，在家里，老婆一般都不让吃。出门在外，就可以吃了。而今天的鲫鱼不够大，但一定要选有鱼子的。只见陈先生用手一摸，就知道鲫鱼肚子里有没有鱼子，真是厉害。

蔡先生在菜市场买鱼

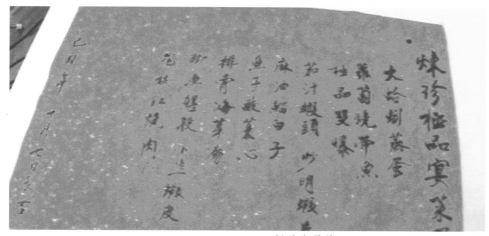
极品宴菜单

买完水产品，陈先生建议去买猪肉，我见到猪肉摊上一条条的骨头，十分好奇。猪肉摊的主人介绍说那是边条骨。于是，我们决定买些边骨炖萝卜汤。见到猪肉，就想起猪油了，我忙叫陈先生买点肥肉炸猪油，用猪油做菜。

最后，我们来到卖蔬菜的地方。这次煮浙江菜，应该用大一点的麻竹笋。原来，选麻竹笋也是很有学问的，要选弯的，并且大的才好吃。经过卖萝卜的地方，只见这里的白萝卜被洗得干干净净，可见台湾人不仅勤劳，还很用心；临走之际，在菜摊主人的推荐下我们还买了些台湾原住民种植的露笋花，又名夜来香，菜摊主人说可以清炒，而且吃起来甜甜的。

逛过菜市场，买好菜。我约上了作家王宣一、作家及美食家朱振藩这两位会享受美食的台湾朋友，一起召开"美食大会"。决定好菜式后，朱先生更即席挥毫，写了一张名为"极品宴"的菜单。这些精选的菜式，由陈力荣师傅即场献技烹调。

对着厨房，我们可以一边看着陈先生烹饪，一边坐在饭桌上享用美食。朱茵说平时很少有机会可以这样近距离地观看厨师煮菜。在家里，看妈妈或者佣人煮，她们都不会像厨师那样端起锅，把菜抛起来翻转。看着陈师傅做菜，既有趣，又想赶紧尝尝味道。

这时，陈先生手捧一碟墨鱼烧肉来到桌旁，这个菜我在绍兴吃过，是十分好吃的一道菜。朱茵很喜欢墨鱼烧肉和台湾的高粱酒的搭配。别小看这一小杯的酒，如果一桌12个人，互相对饮，那就是144杯了。

鲫鱼鳝段

有酒有肉，真的是人生一大乐事。再来尝尝萝卜烧带鱼，萝卜烧得够入味，带鱼吃起来也很不错。陈先生说买带鱼的时候摸肚子，目的是要选不太肥的带鱼。其实，带鱼，要挑选皮看起来有点斑驳的；如果那种看起来很漂亮、骨头大肉厚的，肉吃起来很干，口感不好。

接下来的这道鱼子酸菜心里，有我爱吃的马友鱼子。如果大口大口地吃，就特别能感受到鱼子的滋味。

因虾的品种、大小不同，虾的做法也会不同。如果是大虾，做时就把虾肉切片清炒，吃起来满嘴都是肉，十分满足。如果是细小的虾皮，就用来炒嫩韭菜，鲜香无比。不过，今天的小虾皮做得有点咸了。朱先生打趣说估计陈师傅是看到这么多美女，出手就重了一点。听到朱先生的话，大家哈哈大笑。

轮到鲫鱼上场了。一条条满肚鱼卵的鲫鱼，如何烹调才能把它们的鲜味发挥得淋漓尽致呢？陈师傅以炉火纯青的厨艺，炮制出这道鲫鱼鳝段，用清汤快煮，并加入火腿带出了鲫鱼的鲜味，让人一试难忘。我很喜欢喝这个汤，尤其喜欢吃这种带汤的菜式，福建菜就有很多这种菜式。我说起了早上与陈先生一起买鲫鱼时，陈先生一摸就知道鲫鱼有没有鱼子。众人听到，都十分好奇。陈先生说其实用手一捏鲫鱼的肚子，如果有鱼卵，在它尾部排泄口的地方会有东西流出来。原来不是摸的功夫，是看的功夫！在香港买鲤鱼也是这样，卖鱼老板也会把鲤鱼挤一挤，让你看是公的还是母的。因为公的比较值钱，母的到处都是。

吃过鱼，再来试试这道麻油鲻白玉，所谓的白玉其实是鱼精，日本人称为"白子"。许多人都知道，鱼精是滋补品。在台湾，经常能吃到煨鱼子，但是"煨鱼精"则是可遇不可求的。林莉说第一口吃下这个鱼精，口感有点像慕丝；再吃，味道又不一样了，很有趣。

大鱼大肉过后，接着上的是比较清淡的菜式。

虾米笋丝，味道清淡，却更能凸显笋的甜。客家人喜欢把笋干腌得酸酸的，用来煮肥猪肉吃，也很美味。

而蒜片炒夜来香，吃起来黏黏的，口感有点像芥蓝，而味道清甜。台湾的夜来香与香港的夜来香不一样，这也是我第一次吃台湾的夜来香。

最后上的是海带排骨汤，简简单单的一道汤，清鲜爽口，喝过之后很舒服。

这次所有的菜式都是不复杂的菜式，简简单单的，可能5～10分钟就能做好一道菜。虽然简单，但其实更难做，因为火候的控制非常关键。

蔡澜食单•浙江菜
大蛤蜊蒸蛋
萝卜烧带鱼
极品双爆
茄汁虾头
炒明虾片
麻油鲻白玉
鱼子酸菜心
海带排骨汤
鲫鱼鳝段
小韭菜虾皮
花枝红烧肉

极品宴现场

【包罗万象的书店】

　　许多游客到台湾旅游都会找一家书店逛逛，于是我也向大家推荐我常去的一家书店。对朱茵来说，这家书店并不陌生，因为她每次来台湾，也很喜欢来这家书店。这里的书比香港的便宜多了，每次逛这里，她说她都会买整箱的书寄回香港。

　　在这家连锁书店的旗舰店里，除了各式书籍，还有包罗万象的生活用品，满足了不同品位的客人的需要。置身其中，挑选着各式物品，时间在不经意间一点点地溜走。

　　这家书店还设立了画廊，供美术爱好者参观。如果你也觉得欣赏画作要有距离感，那么这家书店的画廊就非常合你的胃口了。来到画廊，只见里面展出的是一系列玫瑰花的画作，这些画都是出自香港画家司徒强先生的笔下。画廊里有充足的椅子，可以让人对着画思考、发呆。

书店的开放式厨房

书店画廊

书店多功能厅

　　不过，最让人意外的是，在书店美食烹饪书的区域内，竟然会有一个开放式厨房，每逢周五下午，台湾一些著名的厨师都会来这里煮东西给大家吃。

　　在书店美食烹饪书区域里设立开放式厨房的想法真是既新奇又创意十足，让人不禁啧啧称奇。

　　接着，大家来到了书店的多功能厅。最近几天，多功能厅的主题是音乐，每天晚上7点到9点有现场表演。而在一个角落还有一家卖黑胶唱片的店铺。

　　走出多功能厅，不远处挂着"晒书节"的宣传告示。书放久了，容易发霉，所以需要定期拿到太阳底下晒一晒。在这里，只是借"晒书节"的名义来做书籍促销，图书三折起，可谓划算。不过说起晒书，还有个非常有趣的故事：有一个胖子也跑到太阳底下，把衣服拉起来晒肚子。他的妻子见状就问："你在干什么？"他指着自己的肚子说："我也在晒书啊！"妻子很奇怪，又问："哪里有书啊？"他说："书都在肚子里啊。"其实他是夸自己一肚子的墨水，满腹经纶。

书店多功能厅里的黑胶唱片店

【101大楼里的台湾美味】

逛完书店，我们来到101大楼，其中有一家空中餐厅，是吃高级台湾菜的。

这家餐厅是从很小规模做起的，凭着对正宗地道台湾美食的坚持，而成为一家位于台北最高大厦内的、装修精美的高级餐厅。在这里，可以边欣赏台北景色，边品尝美食。

首先我尝了桌上的台式炒米粉，果然不错，保持了一贯的水准。一旁的朱茵则被眼前的地瓜粥吸引，它清淡中带着一点甜味，简简单单却不失为一道美味。而且，在101大楼吃到地瓜粥，真是惊喜万分。要知道，像这种清粥小菜，一般人认为是难登大雅之堂的。

这家分店与双城街的总店，虽然菜式大多一样，但与总店相比，这里因在101大楼里，菜式弄得很法式，更精致。就像眼前别致的欣叶四喜拼，四种不同的口味，里面还有孔雀乌鱼子。不过，乌鱼子包着炸的做法欠佳，这样的做法吃起来没有了乌鱼子的口感。

卤大肠也是这家餐厅非常出名的菜。对于大肠，有些人喜欢吃前段，有些人喜欢吃末段，这家餐厅则取中段，吃起来十分软。香煎菜脯蛋，"菜脯蛋"是很地道的菜式，在很多台湾餐馆都能吃到。朱茵吃过后都说这里做的不错。红糟肉则肥而不腻，林莉一吃就吃出了里面的南乳酱，真是越来越像美食家了。干煎虱目鱼肚吃的时候要把它翻过来，要吃那些肥的地方。虽然这些肥的地方都是健康的脂肪，但一旁的朱茵就有点害怕，直说："我不懂得欣赏这道菜。"

总店和这家分店的区别在于，双城街的那家，菜式比较小巧，没有这么精致。但那里的一些菜式，这里没有。区别是源于目标客户的层次不同，这家分店主要针对高消费人群，不包括政要人士。朱茵则表示，在她看来，吃东西有两种境界，享受环境和享受味道。前者，对环境要求比较高；后者，对味道要求比较高。简陋的餐厅，只要味道好就可以吸引她，甚至不介意去排队等候；只要是好吃，在大排档吃也不介意。林莉也应和："我们是雅俗共赏，贵的我们想尝试，但便宜的也会喜欢。"

看来两人是好女孩，不会像一些女孩那样总讲究排场。

【台湾 "海鲜" 滋味】

这次，要带大家去我在台湾最喜欢的一家海鲜店。

来到餐厅，首先品尝到的是一道非常典型的台湾菜——腌渍黄金蚬。它的做法是，用开水烫一下蚬后，把蚬放在有酱油、蒜头、辣椒的汁里浸泡。这道菜味道鲜甜，而且酱汁都渗到蚬肉里了，美味至极，一吃就停不了口。

滩涂鱼

接下来，再试试滩涂鱼清汤。滩涂鱼，又叫花跳鱼，是海滩上很常见的一种鱼，特别是在退潮的时候，就会看到。这种鱼的鱼鳍很奇怪，不过，与其说是鱼鳍，不如说是脚，它会用这两只脚爬，爬几下就跳一下。吃这种鱼很有技巧，要用调羹压着鱼头，用筷子从鱼鳍位置把肉夹起来，使整条鱼肉与骨头分开。虽然鱼的样子比较难看，但是用清汤煮，再加些姜丝的烹调方法，更能凸显这种鱼的鲜美和肉质的嫩滑，清汤也格外鲜甜。

手工叶香粽

　　不过,我觉得这种鱼最好吃的做法是烧烤。滩涂鱼许多餐厅是不愿意烧烤的,因为太费工夫了。老板像识人心意一般,上了炭烧滩涂鱼。这道菜又是另一番滋味,林莉吃过之后赞不绝口,说:"这种鱼真的十分特别。单看这鱼的外表,不会对它有很大兴趣,因为它的确很丑。但是,听了关于它的介绍,并且尝试过了,觉得很好吃。"

　　这家店的粽子做得很好。接着,来尝尝手工叶香粽吧。这里的粽子跟广东粽子很不一样,味道甜而不腻,而且这种粽子里还有一颗蛋黄,真是特别。我一向不爱吃甜的,但这种甜粽子,我还可以接受。

　　不过,吃到这里,大家都很疑惑,为什么我说这家是海鲜餐厅呢,刚刚吃的可不算是海鲜。鱼也是海鲜嘛,而且我个人觉得最能代表海鲜的是清炒丝瓜。

　　这个清炒丝瓜采用的是又肥又大的澎湖丝瓜,它是非常难得的一个品种,吃起来就像吃海鲜那么甜。

蔡澜食单·台湾菜

腌渍黄金蚬
滩涂鱼清汤
炭烧滩涂鱼
手工叶香粽
清炒澎湖丝瓜

三人吃澎湖丝瓜

切仔面

【台湾早餐切仔面】

　　这一天早上，我招呼大家去吃经典的台湾早餐——切仔面。"切仔面"就是刀切的意思，又叫"黑白切"。

　　来到一个不起眼的小摊档，在摊档上除了面，还摆放了很多材料，例如烟熏鲨鱼腩、猪舌头、五花肉、猪生肠等。我点了一碗干面，而朱茵同林莉则分别要了一碗有汤的切仔面。

　　以前在绝大多数酒店的后巷，一定会有一个这样的摊档，就像是酒店员工的另一个食堂一样。但是，由于便利店的出现，近年来这些摊档已经慢慢消失了。所以说，便利店抹杀了很多像大排档这样的小餐饮摊档。

　　但是，与便利店的东西相比，当然还是这种摊档做的东西比较好吃。这里的老板娘每天凌晨四点就开始营业了，所以即使起了个大早，也还是可以吃到新鲜、热腾腾的切仔面。

　　香港的大排档也是越来越少了，趁还能吃到喜欢的东西，要珍惜每一次机会，多吃点。

【台湾牛肉面】

台湾的牛肉面就像香港的云吞面，台湾每一家店都可以做得很有水准。所以，我决定在路边随便找一家尝尝。小店的炉灶上，摆着许多骨头、蔬菜，想必台湾牛肉面的汤底就是用这些骨头、蔬菜熬制好几个小时而成的，用这样熬出来的汤做面，不会差到哪里去。

只见小店的老板几下工夫，三碗牛肉面就做好了。台湾牛肉面是用没有碱水的北方面做的，所以汤底分外重要，汤底不好整碗面都不好吃。还好这家店的汤底没有"辜负"大家的期望，而且牛肉面里的牛腱味道香浓，整碗面也没有太多的调味品，的确不错。但最好吃又好玩的，就是吮熬过汤的骨头，吃骨头里的骨髓。

蔡先生三人吃牛肉面

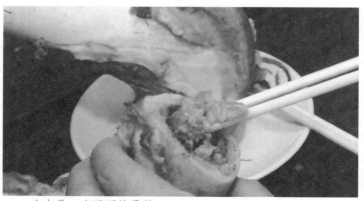

吮牛骨，吃里面的骨髓

【再尝上海菜】

　　晚上，美食家及作家朱振藩先生带我们来到了在台湾倍受推荐的一家上海菜餐厅。今天的菜都是老板曹一先生的太太做的。像这种丈夫做老板、妻子做厨师的餐馆，真是越来越少了。

　　一桌的菜，让人垂涎三尺。废话不多说，大家还是一个一个来尝试。

　　最让人好奇的是"白灼禁脔"这道菜，所谓禁脔，就是指男人独占一个女人。朱先生介绍道，传说东晋第一个皇帝司马睿最喜欢吃蒸小猪的这一块肉，因此群臣都不敢去夹这块肉吃，所以才叫禁脔。简单的白灼做法，吃的时候再蘸点酱油，简单的烹调方法却凸显出原汁原味的肉香以及嫩滑的口感。

　　接下来尝的是茄香肥肠锅，老板说做这道肥肠锅，要挑最肥、最大的大肠，而且只用大肠头前面最厚的一小节，十分讲究。

　　渐入佳境，再来是葱火烤鲫鱼和元蹄焖海参。葱火烤鲫鱼选用当天市场上最好的鲫鱼，以传统的上海菜浓油赤酱的做法烹调而成。而元蹄焖海参，含有丰富的胶原蛋白，美味又养颜。一旁的朱先生还不断地招呼在座的林莉和朱茵要多吃点。

白灼禁脔

吃完这么多佳肴，大厨上了一道汤——鱼肚扁尖火瞳鸡汤，这道熬足8个小时的汤，香味浓郁，而且非常浓稠，喝完之后嘴唇都黏黏的。同时奉上的还有砂锅狮子头。

最后的美食是上海菜饭，虽然是用猪油拌的，但吃起来一点都不油。连一向怕油腻的朱茵都吃得停不了口。老板说，用猪油炒菜后，锅里会留下炒菜时剩下的菜汁，把菜汁的水滤掉，再用来拌饭，这样就不油了。做这道菜饭，饭要煮得好，菜要尽量选菜梗部分，可以稍带一点点菜叶，因为这部分吃起来香脆。最后还要加上剁碎的火腿，增加一点咸味。

从老板的介绍中，我们感受到他们做菜有多用心，一些细节都周全考虑，难怪做出来的食物质量如此之高。

这次台湾之行，真是让人十分意外。现在香港、甚至在上海都吃不到地道的上海菜，没想到来到海的另一边，我们却能一再品尝浓油赤酱的上海菜。

蔡澜食单·上海菜（三）

白灼禁脔
茄香肥肠锅
葱火烤鲫鱼
元蹄焗海参
鱼肚扁尖火瞳鸡汤
砂锅狮子头
上海菜饭

蔡先生一行人吃上海菜

【居鸠堂】

由台北到台中，坐高铁不到1个小时就能到。但是，我们这次的目的地不是台中市，而是位于台湾中部的三义。

在三义，地广人稀，住在这里的人，如果想要休闲，可以弄个庭院，很不错。

这个清幽的地方叫"居鸠堂"，"居"即住的意思，"鸠"是鸽子，意思是指这里"唧唧啾啾"热闹的鸟叫声。细看，我们发现这座房子的主人还用了很多鸽子的木雕做装饰。据说这里要开张的时候，主人的朋友们纷纷要送贺礼来，主人就让朋友们把送礼的钱用来买些好木头，在雕刻的木鸽子上刻上朋友的名字。

居鸠堂

蔡先生、林莉观看猪油制作过程。

这间房子的主人是卖猪油的。更正确的说法，是卖客家油葱的。

来到厨房，见到师傅用纯熟的刀法，将新鲜的肥猪肉切小，这样可以缩短炸油的时间。肥猪肉入锅，马上就会香气扑鼻。做客家传统的油葱，除了肥猪肉，还需要另外一种材料，就是红葱头，这种紫红色的红葱头，广东人又称之"干葱"。在东南亚，做鸡饭或者一些其他的食物都经常会用到，闽南一带也是经常用红葱头做菜。把红葱头切碎，放到锅里炸，然后和猪油拌在一起，就是油葱了。

传统的客家油葱浓香可口。以前家里穷，能吃到油葱，已经是很满足了。　直到现在，我还喜欢在吃方便面或者白饭时，都会加一汤匙油葱。尤其是油葱拌面，先把面煮好，滤掉水，加入适量的油葱和酱油，搅拌均匀即可，这道简简单单的面，是天下美味。

我一向对猪油青睐有加，甚至认为如果用猪油来做西式糕饼，做出来的糕饼比用牛油更香。每每说到猪油，大家都会认为吃猪油不健康。其实问题不在猪油，而在吃的人，如果不加节制地食用猪油，当然会出问题。只要你能稍加控制，就没有问题。西餐厅里大口吃牛油的人，不也没问题吗？现在一些研究认为猪油比牛油还健康呢。

在这家满是木雕摆设的店铺里，除了有我喜欢的油葱，还有各式各样的米糕。米糕，是客家人传统的点心，制作过程也不简单，今年74岁的黄桂兰女士，是黑糖米糕的主理人。每天早上，她都会亲自做客家传统的黑糖米糕，从蒸米、煮芋泥到煮黑糖，都由自己一手包办。两层黑糖煮过的米夹着一层芋泥，这样的米糕将黑糖的甜、米的黏、芋泥的香融为一体！吃一口米糕，甜、黏、香都能一一品尝到。

蔡先生向林莉介绍油葱

【每人57道菜的一品宴】

　　台湾的美食那么丰富,大家当然要多尝尝。这次,我们到达餐厅后,只见桌上摆满了几十道不同的食物。难道是吃自助餐?当然不是——这桌上的只是一人的分量。

　　一个人的分量?朱茵和林莉惊呆了。不过,这的确是一人分量的一品宴。

　　这个一品宴,一人份总共有57道菜,其中包括5道主菜、5种茶和5种台湾的酒。一品宴里,每一道小吃都是经过千挑万选,从台湾每一个地区中选出来的,是很具有代表性的。不用到处去,就可以一次吃到全台湾最具代表性的小吃。

　　但是吃的时候应该从哪一道菜开始呢?餐厅的行销业务部总监姜厚琦小姐介绍道,第一道菜是迎宾冬瓜茶,来自台南义丰的冬瓜茶。接下来就是开胃九美,在九宫格里一共有九道小吃,包括宜兰鸭赏、东港樱花虾、潮州双糕润、五味章鱼、城隍庙润肠、原住民烤山猪、客家油焖笋、宜兰粉肝、东港乌鱼子。九道小吃口味真是包罗万象,从南到北、从沿海到高山,甚至还包括原住民的风味小吃。

　　虽然有57道菜,但是所有东西都做成刚好可以一口吃一道的样子,所以就很方便食用。度小月担仔面,小巧精致;原住民石烧牛,是一口就能吃完的小牛排。姜小姐告诉我们台湾原住民以前都是在花莲一种特别的石头上烧烤牛排的。但是那些石头现在已经禁止开采了,所以餐厅改用另外一种石头。玉瓜瑶柱金钱肚,是餐厅执行董事长家乡的私房菜,做法是把蛋浆灌进牛肚里蒸熟,待冷却后再切片,是十分费工夫的一道菜。

　　一次可以吃到50多种台湾特色小吃,真是丰富,一品宴应该价格不菲吧?姜小姐告诉大家2500元台币一位,再加10%的服务费。其实折回港币就是750元,还包含酒水,也不算太贵。

　　台湾的小吃琳琅满目,吃过一品宴后,能让人对台湾小吃有更多的认识。

一品宴

【大坑竹笋】

天还未亮，我们就来到台中大坑，摸黑到地里看师傅采竹笋。师傅三两下，就从竹子旁采了一块大大的竹笋。这些是麻竹笋，从发芽长到现在这么大，大概要两个月。现在是竹笋生长的尾期了，如果是夏天，能够采到更多竹笋。

采竹笋为什么要赶在天未亮前呢？因为太阳出来后，竹笋的水分会蒸发，竹笋的重量就会降低，吃起来也没那么多汁。

台中市大坑区盛产麻竹笋。看到长势这么好的竹笋，记起以前，我家有一张桌子，桌面是一块可以与桌子分离的玻璃。每次竹笋长到一定高度后，我爸爸就会拿那块玻璃盖住竹笋。这样盖住竹笋，它就没办法长高了，就可以横向生长成"胖胖"的竹笋。

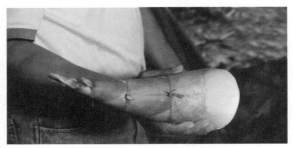
麻竹笋

近年来举办了多次大型的竹笋宴。晚上，我们受邀参与这一次盛会，和上千名来自本地及海外的宾客一起品尝竹笋宴。宴会的菜式，当然是以竹笋为主，有笋丝丰肉、桂竹竹筒饭、海鲜和风沙拉、笋尖山猪肉等，地道的菜肴总是很美味。

许多当地人问我，怎样才能使台湾菜更加国际化，让所有国际人士都喜欢。我觉得，不要为了迎合某个群体而刻意改变，这样很容易就丧失了自己最精华的部分。许多东西，尤其是食物，还是原汁原味的好，大家自豪地把自己的菜式做好，就可以了。

大坑竹笋宴

KC 1699

台湾老友记

不少国际著名的艺术家都来自台湾，所以这次台湾之行，我要特别推介几位我十分欣赏的艺术家。

195

【从影后到琉璃艺术家】

我第一位要拜访的，不仅是艺术家，而且还是台湾演艺界的星级前辈——杨惠珊小姐。

杨小姐是20世纪70～80年代台湾著名的电影明星，并享有"影后"的美誉，曾经荣获金马奖和亚太影展最佳女主角等殊荣。在事业高峰期，她毅然息影，开始钻研琉璃艺术创作，后来她的艺术成就得到了国际认同。

《无相无无相》

杨小姐向蔡先生介绍自己的作品

来到杨小姐的琉璃"博物馆"，我们首先见到一件叫《无相无无相》的作品。杨小姐说这个作品，从前面可以看到后面，从左边可以看到右边，好像可以看穿似的，所以她取名为"无相无无相"，而且作品中的气泡，在光影的作用下，使作品看起来仿佛是流动着的。这种方形琉璃内又有其他造型的作品，可让一旁的朱茵想破了脑袋也想不出是怎么做出来的。做这样的琉璃，是先把里面的实体做出来，然后铸造一个模子，把琉璃倒进去，再烧一次。

杨小姐的琉璃作品——形似太极的作品

　　接着，一个会转动的作品展现在大家面前，上面写有《大悲咒》，杨小姐说每完成一圈的转动，就仿佛念了一遍《大悲咒》。

　　不远处，一个敦煌造型的作品映入眼帘。原来这件"敦煌"是杨小姐在1996年的敦煌之旅时萌生的想法，回来后她就用琉璃把敦煌的环境和里面的菩萨表现出来。作品以沙漠的形态表现的是地面上的敦煌，沙漠的造型与下面透明的琉璃相连，给人以往下无限延伸之感。

　　来到一件造型独特的作品前，我注意到作品的一边用宋体写了不少大大小小的字。看来杨小姐和我一样，都觉得宋体字形态最好看、最庄严。杨小姐告诉我说："这个作品中，这两块分开的琉璃形状如三角形，一块透明，另一块不透明，正好表达了'一虚一实'。虚实就如阴阳，与中国的'太极'相对应。其实，我觉得人活一生，所追

琉璃酒杯

求的就是纯净纯洁的境界，而婴儿的世界就是最纯净纯洁的。就如这件作品中，侧躺在虚实之间的婴儿一样。"

杨小姐总觉得琉璃应与生活相融合，而不应仅仅将其作为艺术品。因此，除了各式琉璃艺术品，杨小姐的"博物馆"中，还有她亲手做的一些生活用品，例如各式的琉璃酒杯。此外，还有各种漂亮的琉璃饰品、项链、耳环等。其实会欣赏的人觉得琉璃饰品一样很有价值，不一定非要戴钻石等首饰。

演员的艺术生命不一定要停留在某个阶段，还可以有很多发展空间。告别演艺界，杨惠珊小姐把对琉璃艺术创作的兴趣变成了事业，开创出了精彩的新天地。

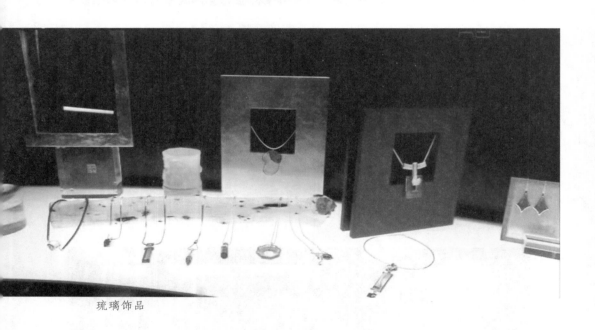

琉璃饰品

【漫画大师蔡志忠的另类人生】

"蔡志忠是智商180的台湾国宝级漫画大师，他的作品先后被翻译成20多个国家的文字，在全球发行。智商超乎常人、充满求知欲的蔡志忠，因为漫画与佛结缘。多年来，他从世界各地搜罗了形形色色的铜佛像，目前的收藏已超过3000尊。"

听到这样吸引人的介绍，怎能不去拜访一下这位特别的漫画大师？

一见面，林莉就忍不住说自己很多年前看过很多蔡志忠先生的漫画，有《漫画孔子》、《漫画庄子》、《漫画老子》。蔡志忠说那些是他在37岁的时候画的。当时，觉得这辈子的钱赚够了，所以他就去了日本，在那里待了4年，住在租来的房子里，画了大概40本漫画。

蔡志忠老师和蔡澜先生

他在许多人的印象中是一个智商超高的人，他也是我的朋友中最聪明的一位。一般人对3岁前的事情记忆都非常模糊。但他没到三岁时，已记得《圣经》里面上帝创世纪的故事，而且，在他看来，智商的高低与三岁半前的教育有很大关系。

对于所有自己未知的事物都非常有兴趣，只要锁定目标蔡志忠就会苦心钻研。目前，他最大的兴趣就是创作电子书。蔡志忠先生说，动画、日语、微积分、物理都是自己学的，所以电脑当然也不会成为他的难题。虽然现在有电脑，但他创作漫画还是坚持手画，然后扫描到电脑里再组合，电脑只是后期制作，用于对画的加工。而且，所有的原画他都留着，这样以后可以把手稿拿去卖。在他的工作室里，至今还留有他15岁时的原画。

蔡志忠先生的漫画作品带有不少的禅味，他收藏佛像的爱好，也是因为漫画创作的需要而开始的。提起与佛结缘，他一下打开了话匣子："那时候，要画佛经的漫画，但我不确定画哪种佛陀。是中国有胡子、胖胖的呢，还是印度的呢？所以就去买了几尊佛陀回来。当时，买不到木雕的，只有铜

蔡志忠向蔡澜先生介绍他的佛像

的。当我买回来，对着灯光仔细研究其中一尊铜佛像时，觉得很不合理。那是北宋时期的一尊佛像，但是1000年以后，我们却能以不到10%的价格买到。所以那时我就决定要买1000尊佛像。9年过去了，我每天买一尊，从未间断，平均每天花18000元港币，现在已经有3381尊了。”一屋子的佛像，让人看花了眼，不知在休息睡觉的地方有这么多佛像，每天与佛像在一起，是什么感觉呢？他说：“第一，经常与佛、菩萨在一起，可以时常观察他们的姿态，例如手、脚、脸孔，所以我的漫画里的佛陀、佛像，一定是‘如法’，就是它的姿势会很优雅。第二，因为常跟佛在一起，所以我的心境当然也会与佛一样。但是，有一件非常危险的事情。台湾常常地震，像前天6.3级的地震……”呵呵，如果佛掉下来，被砸到了，就会和佛一起离去的。不过，对人来说，也是一个非常好的离开方法。

蔡志忠和他的佛陀

只要是自己感兴趣的事情，蔡志忠先生都会全情投入，乐此不疲。他说自己的一天有48小时，平时他不怎么讲话，也很少和别人来往，这样就可以少睡一些，甚至几乎不睡觉。在他的身上，“玩物养志”的说法再一次被印证了。他的右手画漫画，画了一辈子，大概赚了5000万港币；另一只手买佛像，变成2.5亿元了。玩物不仅养志，还能赚钱呢。

【瓷艺大师许朝宗】

台湾的莺歌，整个镇以出产陶瓷闻名。这次，我与朱茵、林莉一同来到莺歌，要拜访这里的一位瓷艺专家，欣赏瓷器，聆听作品背后的故事。

在一个窑的旁边，我们见到了一位衣着朴素、但从眉宇间透着一股坚定气息的中年男子，他就是许朝宗先生。许先生是台湾当代著名的瓷器大师，在30年的艺术生涯里，他不断钻研，致力于提升瓷器制作工艺的水平。他的作品别具一格，结合了无限的创意，更见证了台湾30年来的发展。

许老师从窑中拉出烧过的瓷器

见到我们，他大方地打开瓷窑，从里面拉出烧过的作品让大家一睹为快。令人意外的是，拉出来的瓷器竟有成百上千件之多。不过虽然这个窑子一次能烧很多瓷器，但有时一件都不能要。所以能够烧出一件好的瓷器，是多么值得高兴的事。许先生介绍道，这些瓷器大多还只是半成品，有些还要上色，然后再烧一次。他说："最上面的这个大的白色的部分还要再上黄金，之后再烧一次；这个茶壶是定窑的，是无光结晶釉，很漂亮，但还只是坯胎；这个茶杯也还是要上金，再烧一次，成品是一个金爵杯。"

许老师介绍烧过的瓷器

看过半成品，我们还是去看看成品吧！来到摆放许先生作品的地方，大家首先见到几个古董花瓶，许先生指着其中一个说："这个作品是我帮台湾'故宫'制作的仿制品，制作于1970年，那时台湾刚刚开始有艺术陶瓷。"原来，以前台湾"故宫"里的古董仿制品，都是由许老师制作的。"故宫"需要什么古董，常常就会请许老师仿制。比如，那个上面有寿桃的花瓶，如果是真品，那就价值连城了。

在一套鲜红色的瓷器前，我们停下了脚步。都说釉的颜色越鲜艳，毒性越强，到底是不是这样呢？许先生说其实它的毒是挥发性的。在烧制时，水蒸气挥发出来的时候，是毒性最强的时候；烧制好后，毒性就小很多了。但是如果你把它用作食用的餐具，食物就会吸收释放出来的毒。

这里也有许多有裂纹的作品，其实，这种表面有裂纹的瓷器，是龙泉窑的，因为釉里面加进了钠，所以烧的时候釉会裂开，产生裂纹。许先生说外国人就特别喜欢这种瓷器。

在许先生几十年的艺术生涯里，创作的作品数不胜数，还有不少堪称他的代表作。其中的《满潮》就是他的得意之作。说起《满潮》，许先生回忆起十多年前，他妈妈生病了，有一次去探望时，他妈妈责备其不回家。其实，他回去的次数不算少，所以觉得有点委屈。在途中，他经过滨海公路一个叫北关的地方，停下车，看到海边那么大的浪心有所感。回来后，赶快拉坯把造型做了出来。这个作品，上面口的形状就像鱼的嘴巴一样，寓意哑巴吃黄连有苦难言；下面蓝色的纹理，代表海浪。整个作品的造型像一条鱼，但同时也可以看作上面是天，下面是海，所以将之起名为"满潮"，这件作品正代表当时的心境。

四人欣赏作品《满潮》

瓷艺作品 《归巢》

　　看过《满潮》，许先生又带大家看了几件特别的作品。

　　《归巢》，以黄金做螃蟹，以陶瓷做"巢"，小螃蟹的造型生动活泼，而且陶瓷的颜色与金色螃蟹的颜色也配合得相当好，仔细看作品中的陶瓷，还会发现陶瓷表面是网状的纹理，是创意十足的一件作品。他从1970年开始研究化工釉药，至今已经研究过3万多种颜色，发现这种颜色跟黄金搭配是最漂亮的。这种釉是结晶釉，烧到1360℃后熄火，在1100℃左右结晶开花，是十分难烧制的一种釉色。

朱茵制陶

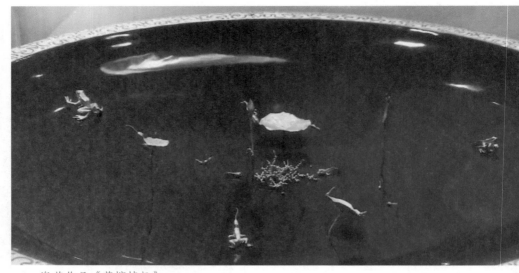

瓷艺作品《荷塘情趣》

　　《荷塘情趣》则是以陶瓷作荷塘，用类似琉璃的脱蜡手法把黄金做成栩栩如生的小蝌蚪、荷叶，看着让人觉得生趣盎然，匠心独运。

　　不远处，大家见到另一件黄金与陶瓷结合的陶艺作品——金瓷《三多如意》，以石榴、佛手、寿桃的造型，寓意多子多孙多福寿。作品先以瓷土雕塑出造型，再涂上艺金，然后以800℃高温烧制，让金和瓷土融合，这样烧出来的作品，可以收藏200多年。其实，熟悉瓷土的人就会知道，瓷土是会收缩的，许先生说最开始他用的是收缩度为20%的瓷土，雕塑后黏上就断掉了。后来经过1年8个月的研究，他终于找到了解决的方法：在瓷土里加入宣纸，宣纸遇水溶化后，瓷土里就能增加很多纤维，这样的瓷土雕塑时就不会断。

　　许朝宗先生的艺术生涯，让人明白一个艺术家的成长，免不了要经历学习、模仿、创作、创新这样一个过程。而且，艺术的创作，不仅需要创作者的"匠心"，还需要不断地推陈出新，否则很难在这个领域生存。

金瓷《三多如意》

【木雕艺术家黄石元】

三义，是木雕塑家的摇篮，这里有很多当代著名木雕艺术家。这次，我来到三义苗栗县的木刻街，拜访我十分欣赏的木雕艺术家——黄石元先生。

黄石元先生是三义众多木雕艺术家的其中一位，他在三义开拓出木雕艺术新领域。他的作品，将木质的纹理、刀痕、笔触融为一体，呈现出富有层次的质感，自成一派。

来到工作室，一个个栩栩如生的人物形象木雕展现在眼前。黄石元的木雕作品中的人物表情是在日常生活中能常常看到的，看着这些木雕人物，觉得自己仿佛能和它们沟通。在众多的作品中我十分喜欢其中的一个小和尚木雕，一脸无奈的小和尚，不知道是被老师惩罚了还是念经念得闷了。

在工作室的一角，见到黄老师最近完成的作品，黄先生介绍道："这些作品是以一种写意的方式创造的。作品中的人，模仿了我周围认识或不认识的人的形象和气质。这个作品，刻画的就是我小时候一起读书的一个同学，大家都叫他'大饼'。他也的确长着张'大饼脸'，膨膨的，一副憨厚的样子。还有这个是一个很凶悍的女同学造型。"大家仔细打量着黄老师的每一个作品，他们的面容、神态、气质都让人产生了共鸣。

站在一个可爱的"小女孩"旁，黄先生说："这个作品是根据我小女儿的形象做的，她比较活泼、调皮。当有新衣服穿时，就喜欢背上一个小包。"原来，有个艺术家爸爸，他会把自己女儿最可爱的阶段刻画到作品中，为她永远留住那个阶段。

学习木雕，并不是一个容易的过程，黄先生说学好木雕的基本功平均要三四年。而且，好的木雕创作，还要从了解木头入手。他认为了解木头，

黄石元向蔡先生介绍他的作品

黄石元向大家介绍他的作品

首先要了解树的生长情况，这也是一个非常重要的学习时期。它从一颗种子发芽、生长成小树，最后成参天大树，就如人一般，在成长的过程中要经历风风雨雨。而且，每一种木头都有自己的特性，要掌握木头的特性，把木头的特性与自己创作的火花结合在一起，这样的作品会更加出色。所以，木雕创作就是艺术家与木头对话的过程。

说到木头的种类，一块好的木头是木雕的灵魂。黄先生的作品中经常用到的一种木材是桂兰木，这种木的性质跟樟木很接近，而且桂兰木的色泽、软硬度和呈现出来的气质，都是他十分喜欢的。除了桂兰木，樟木也是可以用于木雕的好木头之一。

最后，他带我们来到户外一棵参天的大樟树下，这棵树有800岁以上。他说每次他站在这棵大树下静静地看着，都会被生命成长的过程所感动。

黄石元先生作品

其实，樟树有很多不同的种类，苗栗县最多的就是眼前的这种。樟木是一种很好的木材，樟木箱就是用樟树做的。以前人们靠山吃山，都会砍伐樟树以获取经济收入。但由于那时苗栗县的交通不方便，很难把整棵的樟树运出去，所以这里的人们就从树中提炼樟脑油，或制成樟脑丸，再把它们运出去赚钱。

在黄石元先生看来，樟木的质地、色泽或是保存性都很好，是做木雕最好的木头。他说："如果有机会用到，只要用一次，你就会爱上它。"

不过，这种珍贵的木材现在已经越来越稀少了。

蔡澜品味